例題で学ぶ グラフ理論

安藤 清・土屋 守正・松井 泰子 共著

森北出版株式会社

●本書のサポート情報を当社Webサイトに掲載する場合があります．下記のURLにアクセスし，サポートの案内をご覧ください．

https://www.morikita.co.jp/support/

●本書の内容に関するご質問は，森北出版 出版部「(書名を明記)」係宛に書面にて，もしくは下記のe-mailアドレスまでお願いします．なお，電話でのご質問には応じかねますので，あらかじめご了承ください．

editor@morikita.co.jp

●本書により得られた情報の使用から生じるいかなる損害についても，当社および本書の著者は責任を負わないものとします．

■本書に記載している製品名，商標および登録商標は，各権利者に帰属します．

■本書を無断で複写複製（電子化を含む）することは，著作権法上での例外を除き，禁じられています．複写される場合は，そのつど事前に(一社)出版者著作権管理機構（電話03-5244-5088, FAX03-5244-5089, e-mail: info@jcopy.or.jp）の許諾を得てください．また本書を代行業者等の第三者に依頼してスキャンやデジタル化することは，たとえ個人や家庭内での利用であっても一切認められておりません．

まえがき

　グラフ理論は，オイラーによるケーニヒスベルクの橋問題の解決に始まり，4色問題を代表とするいくつかの組合せ論上の重要な問題の解決のために発展した．グラフは様々な問題の解析に適した数学的構造であり，その理論は現代の情報科学の基礎的分野として必要不可欠なものの一つになっている．

　本書は，離散数学に初めて触れる理工系の学生にグラフ理論の世界を概観してもらえるように書いてある．そのため本書は，例題，例を用いて様々なグラフ理論の概念や定理，アルゴリズムの内容を理解することを主な目的としている．したがって，定理については，内容を理解してもらうことを中心に記述し，マッチングによる分解等のアルゴリズム的に証明の内容を利用するものを除いて，詳細な証明を多くの場合省略した．これに対して系に関しては，定理の内容を理解することを目的に定理を利用した証明をつけてある．

　各章で扱っている内容は次のとおりである．第1章では，グラフ理論の基本的な概念，定義を紹介している．第2章では，探索アルゴリズムやデータベースに関連している木の構造について紹介している．第3章では，オイラーグラフやハミルトングラフといった古典的ではあるが，様々な応用をもつ周遊性に関する性質を扱っている．第4章では，情報や物の輸送回路網に関する最適化問題を扱うネットワークの理論について紹介している．第5章は最適化問題の一つであるマッチングに関する章である．第6章は，グラフ理論を幾何学的にとらえた平面性に関する概念を扱っている．このように，第2章以降はそれぞれ独立した内容を扱っており，第1章の基礎概念を理解すればどの章も理解することが可能と思う．また，各章の第1節にはその章で学ぶ概念に関する導入を示してあるので，各章の第1節を読んで章の内容の概要を掴んでから2節目以降を読まれると，章で扱っている内容の理解が深まると思う．また，章末問題には，どの節に関する問題であるかを明確にするために節ごとのまとまりを示してある．

　本書を介してグラフ理論，離散数学の世界への興味が深まることを願っている．

　最後に，本書を出版するにあたり，多大なお世話をいただいた森北出版の石田昇司氏，丸山隆一氏を始めとする多くの方々に深く感謝いたします．

2013年10月　　　　　　　　　　　　　　　　　　　　　　　　　　著　　者

目　次

第1章　グラフの基礎概念　　1
1.1　グラフ理論とは ……………………………………………… 1
1.2　基本的な定義 ………………………………………………… 2
1.3　次数 …………………………………………………………… 11
1.4　隣接行列 ……………………………………………………… 17
1.5　道と閉路 ……………………………………………………… 18
演習問題 1 ………………………………………………………… 30

第2章　木と探索アルゴリズム　　33
2.1　木とは ………………………………………………………… 33
2.2　木と最小全域木 ……………………………………………… 34
2.3　根付き木と BFS（幅優先探索）アルゴリズム …………… 39
2.4　向き付けと DFS（深さ優先探索）アルゴリズム ………… 44
2.5　重み最小の経路 ……………………………………………… 50
演習問題 2 ………………………………………………………… 56

第3章　周遊性　　61
3.1　オイラーグラフとハミルトングラフについて …………… 61
3.2　オイラーグラフと郵便配達員問題 ………………………… 62
3.3　ハミルトングラフと巡回セールスマン問題 ……………… 68
演習問題 3 ………………………………………………………… 75

第4章　ネットワークフローと最大流問題　　77
4.1　ネットワークとは …………………………………………… 77
4.2　ネットワークの基礎概念 …………………………………… 78
4.3　最大流アルゴリズム ………………………………………… 84
演習問題 4 ………………………………………………………… 91

第5章　マッチング　　93
5.1　マッチングとは ……………………………………………… 93
5.2　最大マッチング ……………………………………………… 94
5.3　2部グラフのマッチング …………………………………… 100
演習問題 5 ………………………………………………………… 106

第6章　平面的グラフ　　109

   6.1 幾何学的にグラフを捉える ……………………………… 109

   6.2 平面的グラフ ……………………………………………… 109

   6.3 多面体グラフと厚さ ……………………………………… 115

   演習問題 6 …………………………………………………… 120

演習問題解答 ………………………………………………… 123

参考文献 ……………………………………………………… 139

索　引 ………………………………………………………… 140

第1章 グラフの基礎概念

本章では，グラフ理論の概要を紹介する．1.2 節でグラフの定義を述べた後，グラフに関する基本量の一つである次数や，グラフ上のつながりに関する基本的な概念の一つである道，歩道などを紹介する．本章で紹介した基本的な用語や概念を理解して，第 2 章以降へ進んでもらいたい．

1.1 グラフ理論とは

現在のインターネットは，サーバー同士が様々な回線で結ばれて情報の交換をおこなっている．その原型は，大学同士を通信ネットワークで結んだ ARPANET であり，最初に UCLA（カリフォルニア大学ロサンゼルス校）とスタンフォード大学が結ばれ，その後 UCSB（カリフォルニア大学サンタバーバラ校），ユタ大学が結ばれ，全世界へと拡張されてきた（図 1.1 参照）．

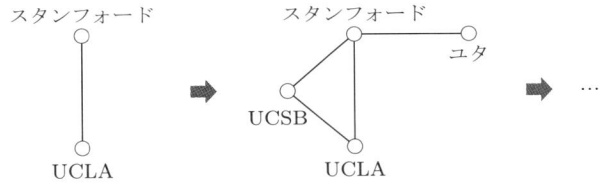

図 1.1　インターネットの発展

図 1.1 に示したインターネットの模式図が**グラフ**の一つの例である．このようなグラフを解析することにより，2 地点間で交換できる情報の量や，2 地点間を結ぶルートの数などを知ることができる．また，すべての点と情報を交換するために必要な経路なども求めることができる．

また，様々な作業をするとき，どのような状況で，どのようなことをしなければならないかを把握し，全体の流れを認識するとき，グラフが役に立つ．たとえば，図 1.2 は，自動販売機の状態を表したものである．グレーの四角は自動販売機内の投入金額を表し，矢印はお金が投入されたときの変化を表す．図 1.2 は，辺に向きのあるグラフ，すなわち**有向グラフ**の例の一つである．このような有向グラフを解析することにより，作業の手順が把握できる．

これらの例のように，点と線を用いて様々な現象をモデル化し，現象の性質や構造を解析するのが**グラフ理論**である．

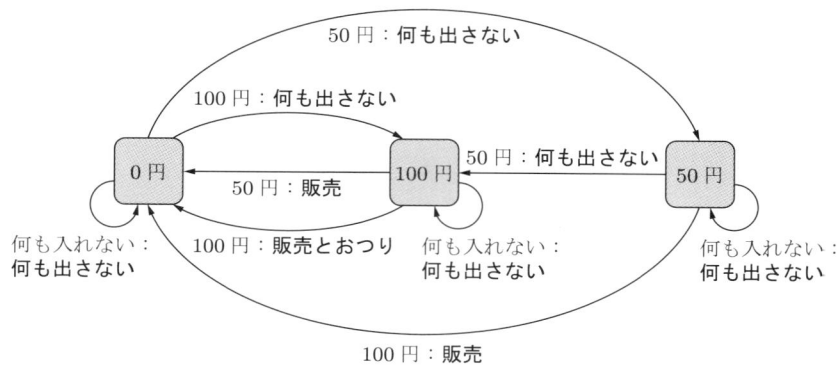

図 1.2 150 円のものを販売する自動販売機の動作を表す有向グラフ

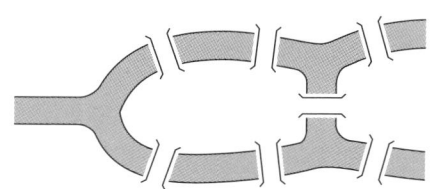

ケーニヒスベルクの街を流れるプリューゲル川に架かる七つの橋を，ちょうど一回ずつ渡ってもとの場所に戻ってこれるかという問題．
オイラーはグラフの考え方を用いて，それが不可能であることを示した．

図 1.3 ケーニヒスベルクの橋渡り問題

グラフ理論は，古くは，数学者オイラーによるケーニヒスベルクの七つ橋の橋渡り問題（図 1.3）の解決に始まるといわれているが，コンピュータの発達とともに急速に発展・展開し，数学のみならず，情報科学の分野においてもその重要性は認識されている．

一見，グラフのような有限で離散的な対象についての問題は，地道に一つずつすべての場合を解析してゆけば，解決できるように思える．とくに，コンピュータを利用すれば，そのようなことが可能であると思えるかもしれない．しかしながら，検討する対象の個数が増えれば，チェックすべきケースが急に増える，いわゆる組合せ爆発が生じてしまい，現実的な時間内で答を得ることができなくなる．したがって，コンピュータを使って問題を解く場合でも，有限離散的対象の構造をしっかりと理解する必要がある．グラフ理論は，有限離散的対象の構造を理解するための学問である．

1.2 基本的な定義

グラフの形式的な定義を示す前に，集合の基本的な定義を述べる．

定義 1.1（集合） ここで，集合とは「異なるものの集まり」であり，対象がその集合に属することと属さないことが明確に定められるものである．集合に属する対象を**要素**，あるいは**元**という．

a が集合 X の要素であることを $a \in X$ あるいは，$X \ni a$ と表し，「a は X に属する」，あるいは「a は X の要素である」という．また，a が集合 X の要素ではないことを $a \notin X$ あるいは $X \not\ni a$ で表す．要素が一つもない集合を**空集合**といい，$\emptyset$ で表す．要素数が有限の集合を**有限集合**といい，要素数が無限の集合を**無限集合**という．$|X|$ で有限集合 X の要素数を表し，$|X| = n$ なる集合を **n 元集合**という．　□

集合は，$X = \{1, 2, 3, 4\}$ のようにその要素を列挙して表すことも，要素の性質を用いて $X = \{x \mid x\ \text{は}\ 4\ \text{以下の自然数}\}$ と表すこともある．集合の表し方において重要なのは，何がその集合の要素であるかが明確に示されていることであり，集合の要素に順序はない．したがって，$X = \{1, 2, 3, 4\} = \{4, 1, 3, 2\}$ である．この例では，$3 \in X$，$5 \notin X$ であり，X は 4 元集合である．

定義 1.2（グラフ） グラフ G とは，頂点あるいは点とよばれる要素の集合 $V(G)$（**頂点集合**）と辺とよばれる頂点の 2 元集合の集合 $E(G)$（**辺集合**）からなるものである[1]．辺 $e \in E(G)$ は，頂点 u, v を用いて $e = \{u, v\}$, $e = uv = vu$ 等で表される．本書では主に $e = uv$ で辺を表している．

頂点集合，辺集合がともに有限集合であるグラフを**有限グラフ**という．この本では，有限グラフのみを扱うので，グラフという言葉は有限グラフを示している．グラフ G の頂点数 $|V(G)|$ を G の**位数**，辺数 $|E(G)|$ を G の**サイズ**という．グラフ G の頂点 u と v が辺 e で結ばれているとき，頂点 u と v は**隣接する**という．辺 e は頂点 u, v と**接続する**といい，頂点 u, v を辺 e の**端点**という．また，頂点 v に隣接する頂点全体の集合を v の**近傍**といい，$N(v)$ あるいは $N_G(v)$ で表す．辺 e_1 と e_2 が同一の頂点 u に接続しているとき 2 辺は**隣接する**という．　□

グラフを集合として考えることは，グラフの構造を抽象的に考察するためには必要なことであり，また，コンピュータ等でグラフを扱うときにも有用である．これに対して，グラフを直観的に理解するためには，次の例のようにグラフを図示して考えるとよい．

▷**例 1.1** 図 1.4 は，頂点集合 $V(G) = \{a, b, c, d\}$ と辺集合 $E(G) = \{ab, ac, ad, bd\}$ をもつグラフ G を図示したものである．G には，4 個の頂点と 4 本の辺があるので，位数 4，サイズ 4 のグラフである．辺 ac が存在するので頂点 a と c は隣接している．

---
[1] 頂点を節点，辺を枝と表現している文献もある．

4　第1章　グラフの基礎概念

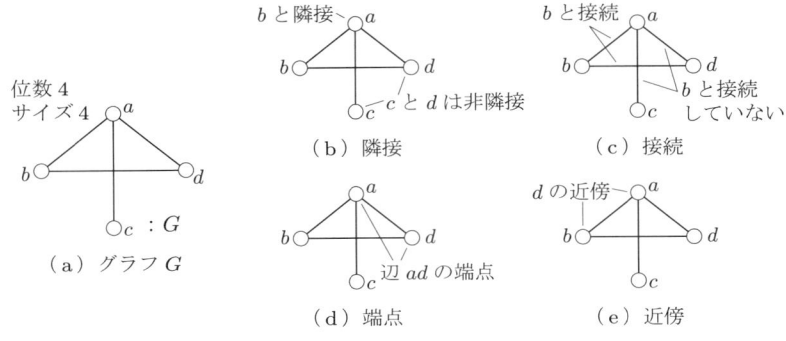

図1.4　グラフ G の図示

一方，頂点 c と頂点 d を結ぶ辺が G に存在していないので頂点 c と d は隣接していない（非隣接である）．頂点 b に接続する辺は，ab, bd の2辺であり，辺 ac は頂点 b に接続していない．辺 ad は，頂点 a と d を端点にもつ辺である．頂点 a, b が d と隣接しているので，頂点 d の近傍 $N_G(d)$ は $\{a, b\}$ である．

例題 1.1　グラフの位数，サイズ，隣接性

頂点集合 $V(G) = \{v_1, v_2, v_3, v_4, v_5, v_6\}$ と辺集合 $E(G) = \{v_1v_2, v_1v_3, v_5v_6\}$ をもつグラフ G を図示し，G の位数とサイズを求めよ．また，頂点 v_1 と v_3 は隣接しているか，頂点 v_1 と v_4 は非隣接であるかを判定せよ．辺 v_5v_6 の端点と，頂点 v_1 の近傍 $N_G(v_1)$ を求めよ．

解　グラフ G は図のようになる．G には，6個の頂点と3本の辺があるので，位数は6であり，サイズは3である．辺 v_1v_3 が G にあるので，頂点 v_1, v_3 は隣接している．一方，頂点 v_1 と頂点 v_4 を結ぶ辺が G にはないので，頂点 v_1, v_4 は非隣接である．辺 v_5v_6 の端点は，頂点 v_5 と頂点 v_6 である．また，頂点 v_2, v_3 が頂点 v_1 に隣接しているので，$N_G(v_1) = \{v_2, v_3\}$ である．

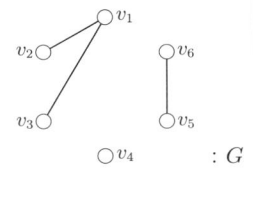

一般に，2頂点間を結ぶ辺は1本に限るが，問題によっては複数本を許すことが自然である場合がある．たとえば，二つの都市を結ぶ複数の道路を考えるときなどである．このような構造を表すものとして，次の多重辺とループを導入する．

定義 1.3（多重グラフ）　2頂点を結ぶ2本以上の辺を**多重辺**という．また，同一の頂点に接続する辺，すなわち，端点が同一である辺を**ループ**という．多重辺やループを許したグラフを**多重グラフ**といい，多重辺やループをもたないグラフを**単純グラフ**，あるいは単にグラフという．　□

多重辺を含む多重グラフを表す辺集合には，同じ2元集合（辺）が複数回含まれることになる．このように，必ずしも異なるとは限らない対象の集まりを**多重集合**という．

▷**例 1.2** 図 1.5 のグラフ H の辺 e_1 は頂点 v_1 に接続するループであり，辺 e_3, e_4, e_5 は，頂点 v_2 と v_3 を結ぶ多重辺である．H は多重グラフであり，図 1.4 のグラフ G は，グラフ（単純グラフ）である．

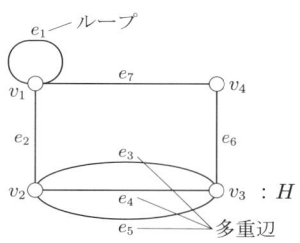

図 1.5　多重グラフの例

ここまでは，辺に向きのないグラフを考えてきたが，辺に向きのあるグラフ（有向グラフ，ダイグラフ）も扱うことがある．

定義 1.4（順序対）　**順序対**とは，決められた順序に並べられた対象の対のことである．順序対は (a,b) で表され，このとき，a は第 1 成分，b は第 2 成分とよばれる．順序対においては，$a \neq b$ の場合 (a,b) と (b,a) は異なる順序対であり，(a,a) なる順序対も存在する．　　□

定義 1.5（有向グラフ）　辺に向きのあるグラフ D は，**有向グラフ**あるいは**ダイグラフ**とよばれ，**頂点集合** $V(D)$ と**弧**（有向辺）とよばれる頂点の順序対の集合 $A(D)$（**弧集合**）からなるものである．

有向グラフに対して，向きのないグラフを**無向グラフ**あるいは単にグラフとよぶ．有向グラフの弧 $a \in A(D)$ は，$a = (u,v)$，$a = u \to v$ 等で表し，u を弧 $a = (u,v)$ の**始点**，v を弧 $a = (u,v)$ の**終点**とよぶ．$u \to v$，$v \to u$ を**対称弧**という．また，同一の始点と終点をもつ 2 本以上の弧を**多重弧**とよび，多重弧やループを許した有向グラフを**多重有向グラフ**，あるいは，**多重ダイグラフ**といい，多重辺やループをもたないグラフを**単純有向グラフ**あるいは単に有向グラフ（ダイグラフ）という．　　□

▷**例 1.3**　図 1.6 は，頂点集合 $V(D) = \{a,b,c,d\}$ と弧集合 $A(D) = \{a \to b, a \to c, d \to a, b \to c, b \to a\}$ をもつ有向グラフ D を図示したものである．頂点 a を始点とする弧は $a \to b$ と $a \to c$ であり，頂点 a を終点とする弧は $d \to a$ と $b \to a$ である．弧

6　第 1 章　グラフの基礎概念

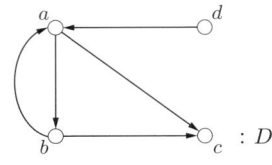

図 1.6　有向グラフの例

$a \to b$ と弧 $b \to a$ は，対称弧であり，多重弧ではない．

例題 1.2（有向グラフの位数，サイズ，弧の始点・終点）

頂点集合 $V(D) = \{v_1, v_2, v_3, v_4, v_5, v_6\}$ と弧集合 $A(D) = \{v_1 \to v_2,\ v_1 \to v_3, v_5 \to v_6,\ v_2 \to v_1,\ v_3 \to v_3\}$ をもつ有向グラフ D を図示し，D の位数とサイズを求めよ．また，弧 $v_1 \to v_3$ の始点と終点を求めよ．

解　有向グラフ D には 6 個の頂点と 5 本の弧があるので，D の位数は 6 であり，サイズは 5 である．弧 $v_1 \to v_3$ の始点は v_1 であり，終点は v_3 である．

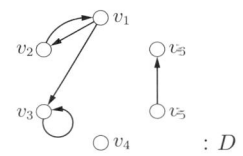

定義 1.6（部分集合）　集合 A の要素すべてが集合 B の要素であるとき，集合 A は集合 B の**部分集合**であるといい，$A \subseteq B$ で表す．このとき，「集合 A は集合 B に含まれる」，あるいは「集合 B は集合 A を含む」という．たとえば，$A = \{1, 3, 5\}$ は $B = \{1, 2, 3, 4, 5\}$ の部分集合である．また，空集合は任意の集合の部分集合である．□

定義 1.7（部分グラフ）　グラフ G に対して，グラフ H が $V(H) \subseteq V(G)$ かつ $E(H) \subseteq E(G)$ を満たすとき，H は G の**部分グラフ**であるといい，$H \subseteq G$ で表す．とくに，$V(H) = V(G)$ となる G の部分グラフ H を，G の**全域部分グラフ**とよぶ．$S \subseteq V(G)$ に対して，S を頂点集合とする G の極大な部分グラフを，S によって**誘導される部分グラフ**あるいは，S に関する**誘導部分グラフ**といい，$\langle S \rangle$，$\langle S \rangle_G$ などで表す．□

ここで，$\langle S \rangle_G$ が S を頂点集合とする極大な部分グラフであるとは，S を頂点集合とする任意の部分グラフ H に対して $H \subseteq \langle S \rangle_G$ となること，すなわち，$V(H) = S$，$E(H) \subseteq E(\langle S \rangle_G)$ となることを意味している．したがって，S に含まれている頂点同士を結ぶ G の辺はすべて $\langle S \rangle_G$ に含まれている．

▷**例 1.4**　図 1.7 のグラフ G_1 は，$V(G_1) = \{v_1, v_2, v_3, v_4\} \subseteq \{v_1, v_2, v_3, v_4, v_5\} = V(G)$，$E(G_1) = \{v_1v_2, v_2v_3, v_3v_4\} \subseteq \{v_1v_2, v_1v_3, v_1v_5, v_2v_3, v_3v_4, v_4v_5\} = E(G)$ であるので，グラフ G の部分グラフである．G_2 は，$V(G_2) = V(G)$，$E(G_2) = \{v_1v_2, v_2v_3, v_4v_5\} \subseteq$

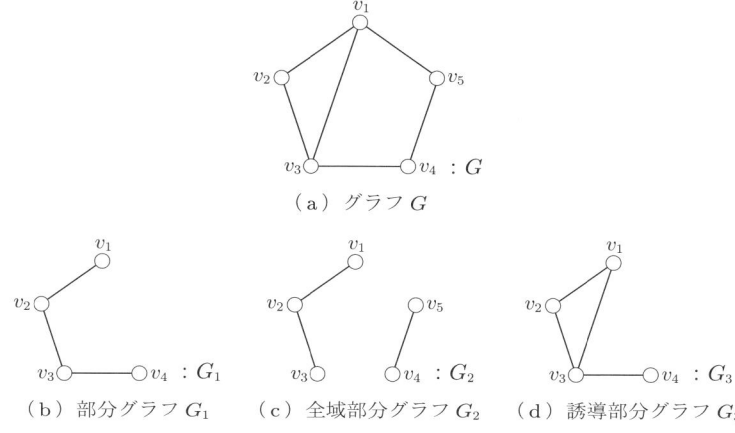

図 1.7 部分グラフ，全域部分グラフ，誘導部分グラフ

$\{v_1v_2, v_1v_3, v_1v_5, v_2v_3, v_3v_4, v_4v_5\} = E(G)$ であるので，G の全域部分グラフである．一方，$v_5 \notin V(G_1)$ であるので，G_1 は G の全域部分グラフではない．また，G_3 は，v_1, v_2, v_3, v_4 の 2 頂点を結ぶ G の辺がすべて G_3 に含まれているので，頂点集合 $\{v_1, v_2, v_3, v_4\}$ に関する誘導部分グラフ $\langle\{v_1, v_2, v_3, v_4\}\rangle_G$ である．G の辺 v_1v_3 が G_1 には含まれていないので，G_1 は頂点集合 $\{v_1, v_2, v_3, v_4\}$ に関する誘導部分グラフではない．

例題 1.3 部分グラフ，誘導部分グラフ

頂点集合 $V(G) = \{v_1, v_2, v_3, v_4\}$ と辺集合 $E(G) = \{v_1v_2, v_1v_3, v_1v_4, v_2v_3, v_3v_4\}$ をもつグラフ G を図示し，G のサイズ 4 の部分グラフで辺 v_1v_3 を含まないものを一つ挙げよ．また，$\{v_1, v_3, v_4\}$ に関する誘導部分グラフを求めよ．

解 おのおののグラフは次のとおりである．

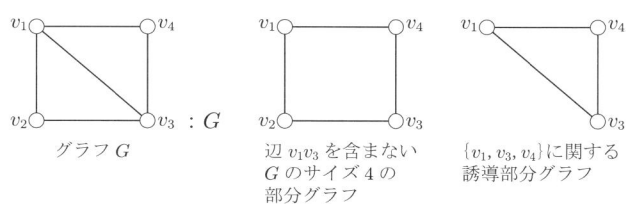

次に，二つのグラフが本質的に同じ構造をもつことを示す概念である「同型」を導入する．

定義 1.8（写像） 集合 A の任意の要素 a に集合 B のちょうど 1 個の要素 $f(a) = b$ を

対応させる対応 f を A から B への**写像**という．集合 B の任意の要素に対応する A の要素が存在するとき，f を A から B への**上への写像**という．集合 A のどの 2 個の要素も B の異なる要素に対応するとき，f を A から B への **1 対 1 の写像**という． □

定義 1.9（グラフの同型） 二つのグラフ G と H に対して，$V(G)$ から $V(H)$ への 1 対 1 で上への写像 f で

$$\{u,v\} \in E(G) \iff \{f(u), f(v)\} \in E(H)$$

なるものが存在するとき，グラフ G と H は**同型**であるという． □

▷**例 1.5** 図 1.8 のグラフ G_1, G_2, G_3 のうち，G_1 には三角形があるが，G_2 には三角形がないので，G_1 と G_2 は同型ではない．G_1 と G_3 は，G_1 の頂点 u_i に G_3 の頂点 v_i を対応させる写像 f（すなわち，$f(u_1) = v_1$, $f(u_2) = v_2$, $f(u_3) = v_3$, $f(u_4) = v_4$ となる写像）を考えると条件

$$\{u,v\} \in E(G) \iff \{f(u), f(v)\} \in E(H)$$

を満たす 1 対 1 で上への写像となるので，G_1 と G_3 は同型である．

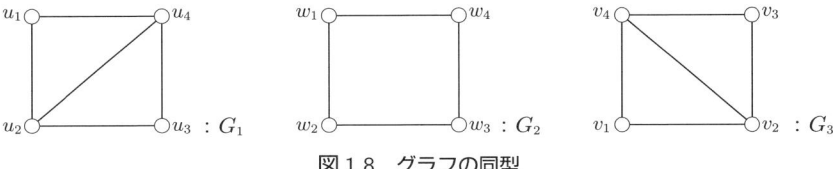

図 1.8 グラフの同型

例題 1.4（グラフの同型性）

位数 4 のグラフで同型でないものをすべて求めよ．

解

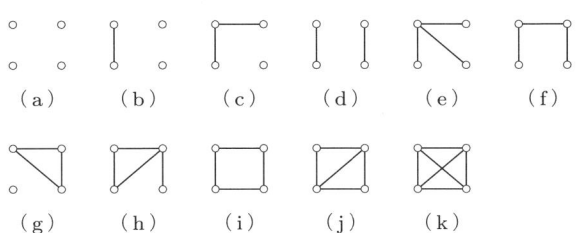

サイズ q に関して分類して考える．位数 4 であるので，辺で結べる 2 頂点の選び方が ${}_4C_2 = 6$ 通りある．したがって，q は，0〜6 のいずれかである．$q = 0$ のときは，4 個の頂点のみからなるグラフ（図の(a)）．$q = 1$ のときは，1 辺と辺の端点以外の残りの 2 個の頂点からなるグラフ（図(b)）．$q = 2$ のときは，2 辺が共有頂点をもつ場合（図(c)）ともたない場合（図(d)）の二つのケースがある．$q = 3$ のときは，三角形がある場合（図(g)）

とない場合の二つのケースがあり，三角形がない場合は 3 辺が同じ 1 頂点を共有する場合と共有しない場合がある（図(e)と(f)）．$q=4$ のときは，三角形がある場合とない場合の二つのケースがある（図(h)と(i)）．$q=5$ のときは，辺で結ばれていない 2 頂点の組がちょうど 1 個存在するグラフである（図(j)）．$q=6$ のときは，任意の 2 頂点が辺で結ばれているグラフである（図(k)）．

▶**注 1.1** グラフ H がグラフ G の誘導部分グラフであるとは，G の中に H と同型な誘導部分グラフが存在することである．

次に，グラフ理論においてとくに重要なグラフの族を紹介する．まず，和集合，積集合を導入する．

定義 1.10（集合の和，積）　集合 A と集合 B に対して，**和集合** $A \cup B$ とは集合 A と集合 B のいずれかに属している要素全体からなる集合であり，**積集合** $A \cap B$ とは集合 A と集合 B の両方に属している要素全体からなる集合である．$A \cap B = \emptyset$ のとき，集合 A と集合 B は互いに**素**であるという．　　□

- **完全グラフ**：相異なる 2 頂点がすべて隣接しているグラフを**完全グラフ**という．n 個の頂点からなる完全グラフを K_n で表す．完全グラフと同型な部分グラフの頂点集合を**クリーク**という．
- **2 部グラフ**：グラフ G の頂点集合 $V(G)$ を互いに素な部分集合 V_1, V_2 に分割し（$V_1 \cap V_2 = \emptyset$，かつ $V_1 \cup V_2 = V(G)$ という意味），V_1 の頂点同士，V_2 の頂点同士が隣接しないようにできるとき，G を **2 部グラフ**とよび，V_1, V_2 を**部集合**とよぶ．部集合 V_1, V_2 をもつ 2 部グラフ G において V_1 の各頂点が，V_2 のすべての頂点と隣接しているとき，G を**完全 2 部グラフ**とよぶ．$|V_1| = m$, $|V_2| = n$ なる完全 2 部グラフを $K_{m,n}$ あるいは $K(m,n)$ で表す．
- **n 部グラフ**：グラフ G の頂点集合 $V(G)$ を n 個の互いに素な部分集合（部集合）$V_1, V_2, \ldots, V_n$ に分割し（任意の V_i, V_j $(i \neq j)$ に対して，$V_i \cap V_j = \emptyset$ であり，かつ $V_1 \cup V_2 \cup \cdots \cup V_n = V(G)$ という意味），任意の辺の端点が異なる部集合に属するようにできるとき，G を **n 部グラフ**とよぶ．n 部グラフ G において各頂点が，自分が属している部集合の頂点以外の頂点すべてと隣接しているとき，G を**完全 n 部グラフ**とよぶ．$|V_i| = p_i$ $(i = 1, 2, \ldots, n)$ なる完全 n 部グラフを $K_{p_1, p_2, \ldots, p_n}$ あるいは $K(p_1, p_2, \ldots, p_n)$ で表す．
- **道**：頂点集合 $\{v_1, v_2, \ldots, v_n\}$ と辺集合 $\{\{v_i, v_{i+1}\}; i = 1, 2, \ldots, n-1\}$ をもつグラフを**道グラフ**あるいは単に**道**とよび，P_n で表す．また，v_1 と v_n を P_n の**端点**という．

- **閉路**：P_n に頂点 v_1 と頂点 v_n を結ぶ辺 $\{v_n, v_1\}$ を加えたグラフを**閉路**とよび，C_n で表す．

▷**例 1.6** 図 1.9 の（a）〜（e）のグラフは，それぞれ K_5，$K_{3,3}$，$K_{2,2,2}$，P_4，C_4 である．$K_{3,3}$ は，$\{a,b,c\}$ と $\{d,e,f\}$ の二つの部集合をもつ完全2部グラフである．$K_{2,2,2}$ は，$\{a,b\}$，$\{c,d\}$，$\{e,f\}$ の3個の部集合をもつ完全3部グラフである．P_4 に辺 v_4v_1 を加えたものが C_4 になっている．また，図(f)のグラフ G は，$V_1 = \{a,c,d,g\}$，$V_2 = \{b,e,f,h\}$ を部集合としてもつ2部グラフである．$K_{2,2,2}$ は頂点数3のクリーク（すなわち，K_3 をなす頂点の集合）を含んでおり，K_5 は自身が頂点数5のクリークである．

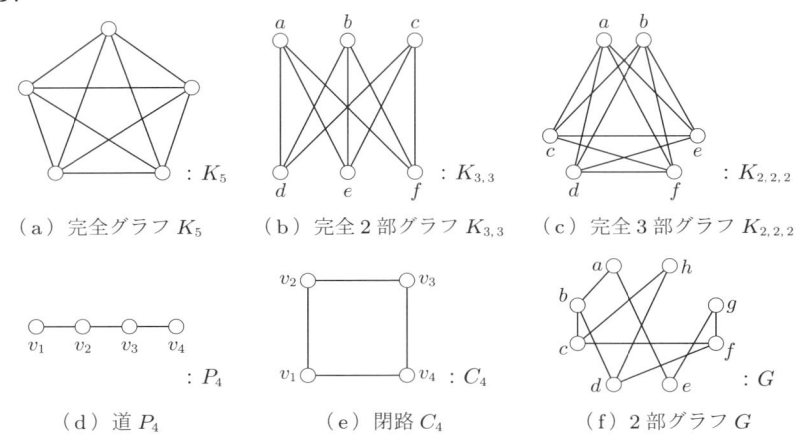

（a）完全グラフ K_5 （b）完全2部グラフ $K_{3,3}$ （c）完全3部グラフ $K_{2,2,2}$

（d）道 P_4 （e）閉路 C_4 （f）2部グラフ G

図 1.9 完全グラフ，完全2部グラフ，完全3部グラフ，道，閉路

例題 1.5（完全グラフと完全2部グラフ）

K_n と $K_{m,n}$ の位数とサイズを求めよ．

解 K_n の位数は n である．K_n の各頂点は，自分自身以外の $n-1$ 個の頂点と隣接しているので，各頂点に接続している辺は全体で $n(n-1)$ となる．このとき，各辺を2回（両端点で1回ずつ）数えているので，K_n のサイズは $\dfrac{n(n-1)}{2}$ である．

$K_{m,n}$ が $|V_1| = m$，$|V_2| = n$ なる部集合 V_1 と V_2 からなる完全2部グラフであるので，$K_{m,n}$ の位数は $m+n$ である．また，$K_{m,n}$ の辺は V_1 の頂点と V_2 の頂点を結ぶもののみで，V_1 の各頂点は V_2 のすべての頂点と隣接していることより，V_1 の各頂点には，n 本の辺が接続している．したがって，$K_{m,n}$ のサイズは mn である．

1.3 次数

ここでは，グラフの性質を扱う上で重要な概念である次数について説明する．頂点に接続する辺の本数を示す次数を評価することは，グラフの様々な性質をとらえる第一歩となる．

▷**例 1.7** A，B，C，D，E，F の 6 人がある会合に出席し，それぞれの人が何人かの人と握手を交わしたとする．このとき，この 6 人の中の少なくとも 2 人は同数の相手と握手をしたことが，人間関係を表したグラフよりわかる．この例では，人間を頂点で表し，2 人が握手をしたとき対応する 2 頂点を辺で結ぶことにより，握手関係をグラフで表現することができる．ここで，握手をした人の数は頂点に接続する辺の本数となる．たとえば，図 1.10 で表される握手関係のグラフは，A は B，C，D，E，F の 5 人と，B は A，C，D，E の 4 人と，C は A，B，D の 3 人と，D は A，B，C の 3 人と，E は A，B の 2 人と，F は A のみと握手をしていることを示している．これを見ると，C と D が同数の 3 人の人と握手していることがわかる．

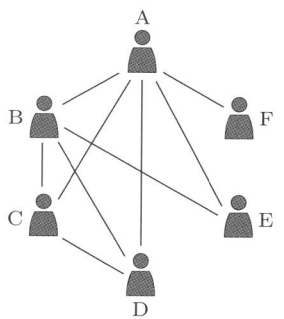

図 1.10　握手関係を表現したグラフ

上の例において握手をした人の数が同じ人がいるということは，接続している辺の本数の等しい 2 頂点があるということになる．実際，グラフの性質を考えると，位数 2 以上のグラフには，接続している辺の本数が等しい頂点が存在することが知られている．

定義 1.11（次数） グラフ G の頂点 v に接続している辺の本数を**次数**といい，$d_G(v)$，$d(v)$，$\deg_G(v)$，$\deg_G v$ などで表す．このとき，ループはその端点（接続点）に 2 回接続していると考える．$\Delta(G)$ でグラフ G の最大次数を，$\delta(G)$ でグラフ G の最小次数をおのおの表す．次数が偶数，あるいは奇数である頂点をそれぞれ**偶点**，**奇点**とよぶ．また，次数 0 の頂点を**孤立点**とよぶ． □

▷**例 1.8** 図 1.11 のグラフ G において，v_1 には辺 v_1v_2, v_1v_3, v_1v_4 の 3 本の辺が接続しているので，$d_G(v_1) = 3$ であり，v_2 には辺 v_2v_1, v_2v_3 の 2 本の辺とループ 1 本が接続しているので，$d_G(v_2) = 4$ である．同様に，$d_G(v_3) = 2$, $d_G(v_4) = 1$, $d_G(v_5) = 0$ であることがわかる．また，$\Delta(G) = 4$, $\delta(G) = 0$ である．v_5 は $d_G(v_5) = 0$ であるので孤立点である．各頂点の次数の偶奇性により，v_2, v_3, v_5 は偶点であり，v_1, v_4 は奇点である．

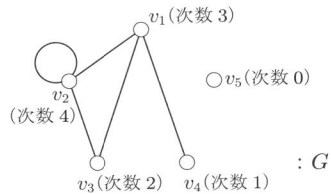

図 1.11 グラフの頂点の次数

例題 1.6（完全グラフ，完全 2 部グラフ，道の頂点の次数）

K_n, $K_{m,n}$, P_n の各頂点の次数を求めよ．

解 K_n の各頂点は自分自身以外の $n-1$ 個の頂点すべてと隣接しているので，K_n の各頂点の次数は $n-1$ である．

$K_{m,n}$ は V_1 と V_2 を部集合とする 2 部グラフ（$|V_1| = m$, $|V_2| = n$）である．V_1 の各頂点は V_2 のすべての頂点と隣接している．したがって，V_1 の頂点の次数が n である．また，V_2 の各頂点は V_1 のすべての頂点と隣接しているので，V_2 の頂点の次数は m である．

P_1 は一つの頂点からなり，その頂点の次数は 0 である．$n \geq 2$ のとき，P_n は，その 2 個の端点が次数 1 の頂点であり，端点以外の $n-2$ 個の頂点は次数 2 の頂点である．

有向グラフに関しては，頂点に接続している弧を，頂点を始点としている弧と終点としている弧に分けて，次のように次数を考える．

定義 1.12（有向グラフの次数）　有向グラフ D の点 v を始点としている弧の本数を v の**出次数**といい，$\mathrm{od}_D(v)$, $\mathrm{od}_D v$, $\mathrm{od}(v)$ などで表す．また，頂点 v を終点としている弧の本数を v の**入次数**といい，$\mathrm{id}_D(v)$, $\mathrm{id}_D v$, $\mathrm{id}(v)$ などで表す．　□

▷**例 1.9** 図 1.12 の有向グラフ D において，v_1 から $v_1 \to v_3$, $v_1 \to v_5$ の 2 本の弧が出ているので，$\mathrm{od}_D(v_1) = 2$ であり，v_1 に $v_2 \to v_1$, $v_4 \to v_1$, $v_6 \to v_1$ の 3 本の弧が入ってきているので $\mathrm{id}_D(v_1) = 3$ である．同様に，$\mathrm{od}_D(v_2) = 1$, $\mathrm{id}_D(v_2) = 2$ であることがわかる．

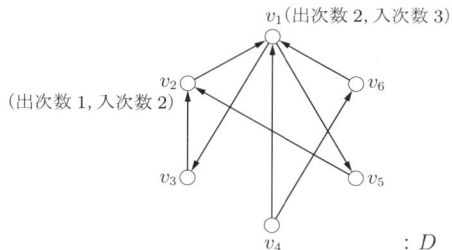

図 1.12 入次数，出次数

次は，次数とサイズの間の関係を示したもので，**握手の補題**とよばれる．ここで，$\sum_{a \in A} f(a)$ は，集合 A に属する要素 a に対応する $f(a)$ 全体の和を表している．

定理 1.1（握手の補題） 多重グラフ G に対して，次が成立する．

$$\sum_{v \in V(G)} d_G(v) = 2|E(G)|$$

証明 各頂点の次数 $d_G(v)$ とは，v に接続する辺の本数である．この数え上げをすべての頂点でおこなうと，ループではない辺 uv は，その端点の u と v でおのおの 1 回ずつ合計 2 回数えられていることになる．また，ループは同一の頂点に 2 回接続していると考えているので，接続点の次数を計算するとき 2 回数えられている．したがって，いずれの辺も次数の総和（$\sum_{v \in V(G)} d_G(v)$）において 2 回数えられていることがわかる．よって，

$$\sum_{v \in V(G)} d_G(v) = 2|E(G)|$$

が成立する． □

例題 1.7（完全グラフと閉路における握手の補題）

K_n と C_n の次数の総和を求めよ．

解 K_n の各頂点の次数は $n - 1$ であるので，

$$\sum_{v \in V(K_n)} d_{K_n}(v) = \sum_{v \in V(K_n)} (n - 1)$$
$$= |V(K_n)| \times (n - 1) = n(n - 1)$$

であり，一方，K_n のサイズが $\dfrac{n(n-1)}{2}$ であるので，定理 1.1 より，K_n の次数の総和は

$$\sum_{v \in V(K_n)} d_{K_n}(v) = 2|E(K_n)| = 2 \cdot \frac{n(n-1)}{2} = n(n-1)$$

となる．

C_n の各頂点の次数は 2 であるので，$\sum_{v \in V(C_n)} d_{C_n}(v) = \sum_{v \in V(C_n)} 2 = |V(C_n)| \times 2 = n \cdot 2 = 2n$. 一方，$C_n$ のサイズが n であるので，定理 1.1 より，C_n の次数の総和は

$$\sum_{v \in V(C_n)} d_{C_n}(v) = 2|E(C_n)| = 2 \cdot n = 2n$$

となる．

有向グラフに関しても同様に，次のような結果が知られている．

定理 1.2 有向グラフ D に対して，次が成立する．
$$\sum_{v \in V(D)} \mathrm{od}_D(v) = \sum_{v \in V(D)} \mathrm{id}_D(v)$$

例題 1.8（有向グラフの次数の総和）

図 1.12 の有向グラフ D の出次数の総和と入次数の総和を求めよ．

解 有向グラフ D の各頂点の出次数と入次数を考えると

$$\begin{aligned}
\sum_{v \in V(D)} \mathrm{od}_D(v) &= \mathrm{od}_D(v_1) + \mathrm{od}_D(v_2) + \mathrm{od}_D(v_3) \\
&\quad + \mathrm{od}_D(v_4) + \mathrm{od}_D(v_5) + \mathrm{od}_D(v_6) \\
&= 2 + 1 + 1 + 2 + 1 + 1 = 8 \\
\sum_{v \in V(D)} \mathrm{id}_D(v) &= \mathrm{id}_D(v_1) + \mathrm{id}_D(v_2) + \mathrm{id}_D(v_3) \\
&\quad + \mathrm{id}_D(v_4) + \mathrm{id}_D(v_5) + \mathrm{id}_D(v_6) \\
&= 3 + 2 + 1 + 0 + 1 + 1 = 8
\end{aligned}$$

となる．

定理 1.1 より，奇点の個数に関する次のような性質がわかる．

系 1.1 グラフの奇点の個数は，偶数である．

証明 奇点の集合を V_o，偶点の集合を V_e とすると，グラフの各頂点は奇点か偶点のいずれかであるので，$V_e \cap V_o = \emptyset$, $V(G) = V_e \cup V_o$ である．このとき，次数の総和を偶点に関する和と奇点に関する和に分けて考えると，

$$\sum_{v \in V(G)} d_G(v) = \sum_{v \in V_e} d_G(v) + \sum_{v \in V_o} d_G(v)$$

が成立する．定理 1.1 より，左辺は偶数 ($2|E(G)|$) である．また，右辺の $\sum_{v \in V_e} d_G(v)$ は偶点の次数（偶数）の総和であるので偶数となる．したがって，$\sum_{v \in V_o} d_G(v)$ も偶数であることがわかる．$\sum_{v \in V_o} d_G(v)$ が奇点の次数，すなわち，奇数の和であったことを考えると，奇点の総数 $|V_o|$ が偶数であることがわかる． □

例題 1.9 （奇点と偶点）

次のグラフの奇点と偶点を求めよ.

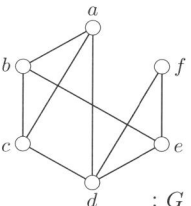

解 $d_G(a) = 3$, $d_G(b) = 3$, $d_G(c) = 3$, $d_G(d) = 4$, $d_G(e) = 3$, $d_G(f) = 2$ であるので, a, b, c, e が奇点であり, d, f が偶点である.

定義 1.13（正則グラフ） すべての頂点の次数が同じ r であるグラフを**正則グラフ**, あるいは**r-正則グラフ**という.

▷**例 1.10** 図 1.13 のグラフ $G = C_5$ はすべての頂点の次数が 2 であるので, 位数 5 の 2-正則グラフであり, $H = K_4$ はすべての頂点の次数が 3 であるので, 位数 4 の 3-正則グラフである. 一般に完全グラフ K_n は各頂点の次数が $n-1$ であるので, $(n-1)$-正則グラフである. また, 閉路 C_n は各頂点の次数が 2 であるので, 2-正則グラフである.

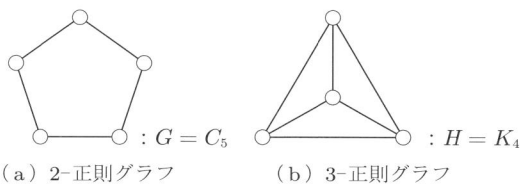

図 1.13 正則グラフ

例題 1.10 （正則グラフ）

位数 6 の 2-正則グラフと 3-正則グラフを一つずつ求めよ.

解 位数 6 であるので求めるグラフには頂点が 6 個あり, 2-正則グラフでは各頂点に 2 本ずつ辺が接続し, 3-正則グラフでは, 各頂点に 3 本ずつ辺が接続している. 次のようなグラフの例がある.

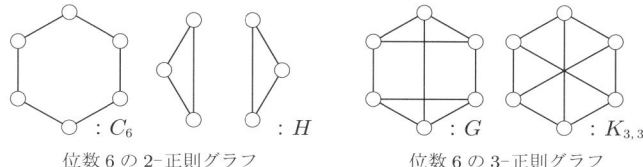

位数 6 の 2-正則グラフ　　　位数 6 の 3-正則グラフ

系 1.2 r が奇数の場合，r-正則グラフの位数は偶数である．

証明 r が奇数の場合，r-正則グラフは頂点がすべて奇点のグラフとなる．したがって，「奇点の個数 = 位数」となる．系 1.1 より，奇点の個数は偶数であるので，このグラフの位数は偶数となる． □

また，次の定理は，正則グラフの示す様々な性質が，一般のグラフに対してもある程度の普遍性をもつことを保証している．

定理 1.3
任意に与えられたグラフを誘導部分グラフとして含む正則グラフが存在する．

証明 G をグラフ，$\Delta(G)$ を G の最大次数，$\delta(G)$ を G の最小次数とする．G に次数が $\Delta(G)$ より小さい頂点が存在しない，すなわち，$\Delta(G) = \delta(G)$ である場合は，G 自身が G を誘導部分グラフとして含む $\Delta(G)$-正則グラフである．G に次数が $\Delta(G)$ より小さい頂点が存在するとき，すなわち，$\Delta(G) > \delta(G)$ の場合は，G を 2 個コピーして並べ，次数が $\Delta(G)$ より小さい頂点に対応する各コピーの頂点を辺で結び新たなグラフ G_1 をつくる．この操作によって得られたグラフ G_1 は，各コピー内の頂点同士を結ぶ辺を新たに加えていないので，G を誘導部分グラフとして含む．また，G_1 の最大次数は $\Delta(G)$，最小次数は $\delta(G) + 1$ となる．G_1 が正則グラフならば G_1 が求めるグラフであり，正則グラフでなければ，前述の操作を繰り返す（図 1.14 参照）．

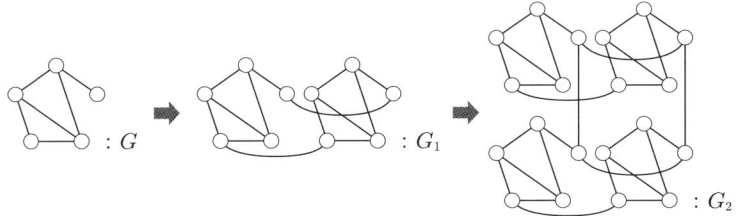

図 1.14　正則グラフへの埋蔵

以上の各操作において，コピーされた G の中の 2 頂点を辺で結んでいないので，各 G_i において G は誘導部分グラフとして含まれている．また，各操作において最小次数が一つずつ大きくなっていくので，$\Delta(G) - \delta(G)$ 回の操作の後，$\Delta(G)$-正則グラフとなることがわかる．したがって，G を誘導部分グラフとして含む $\Delta(G)$-正則グラフが得られる． □

1.4 隣接行列

グラフを表現する方法としては，行列による表現，隣接リストによる表現など様々なものがある．頂点集合 $\{v_1, v_2, \ldots, v_p\}$ をもつグラフ G の**隣接行列** $A(G)$ とは，列と行が G の頂点に対応した p 次の正方行列で，(i,j) 成分 $a_{i,j}$ が頂点 v_i と v_j を結ぶ辺の本数を表すものである．

▷**例 1.11** 図 1.15 は，グラフ G に関する隣接行列 $A(G)$ を示している．ここで，v_i と v_i を結ぶ辺（ループ）が存在しないので，(i,i) 成分はすべて 0 となる．また，v_2 と v_4 を結ぶ辺が存在しないので，$(2,4)$ 成分と $(4,2)$ 成分はともに 0 である．

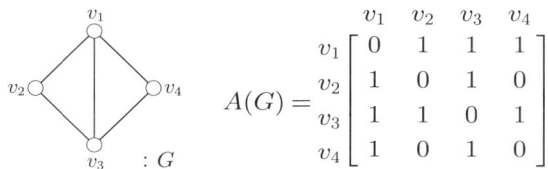

図 1.15　隣接行列

▶**注 1.2**　無向グラフの隣接行列は対称行列である．とくに，多重辺とループを含まないグラフ（単純グラフ）の隣接行列は，対角成分が 0 でそれ以外の成分が 0 か 1 の対称行列である．また，ループを含まないグラフに関する隣接行列において各行の成分の和が，行に対応する頂点の次数であり，各列の成分の和が，列に対応する頂点の次数である．

例題 1.11（隣接行列）

次のグラフ G の隣接行列 $A(G)$ を求めよ．

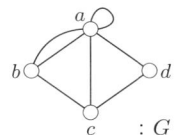

解　頂点 a には 1 本ループが接続し，頂点 a と頂点 b を結ぶ辺が 2 本あることに注意すると，G の隣接行列は次のようになる．

$$A(G) = \begin{array}{c} \\ a \\ b \\ c \\ d \end{array} \begin{array}{c} \begin{array}{cccc} a & b & c & d \end{array} \\ \left[\begin{array}{cccc} 1 & 2 & 1 & 1 \\ 2 & 0 & 1 & 0 \\ 1 & 1 & 0 & 1 \\ 1 & 0 & 1 & 0 \end{array} \right] \end{array}$$

隣接行列は，グラフを表現する便利な方法であるが，位数に比べてサイズの小さいグラフにおいては 0 である成分の多い行列となる．そのため，計算機内部にグラフを格納するときは，隣接行列より，隣接している頂点のリストのみを示す隣接リストを利用するケースが多い．

グラフを用いた各種アルゴリズムを計算機に実装するときには，隣接行列や隣接リストは重要な役割をもつ．

1.5 道と閉路

本節ではグラフのつながりを示す概念である道，閉路，切断集合などを導入する．

たとえば物品を輸送する場合，輸送費用，安全性，輸送時間など様々な要因を考慮して適切な経路が決められている（図 1.16）．このとき，交差点を頂点で表し，二つの交差点を結ぶ道路に対応して，2 頂点を結ぶ辺を考えることより，道路をグラフで表現することができる．このような道路網に対応したグラフを利用することにより，条件にあった 2 地点間の移動経路を検討することに役立てられる．

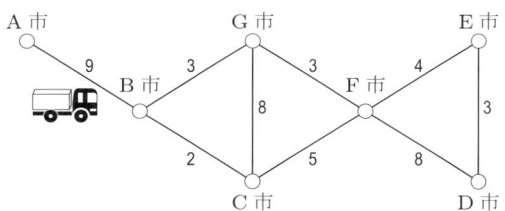

図 1.16 都市間のつながりをグラフ化

定義 1.14（**歩道, 道, 閉路**） グラフ G の**歩道**とは，頂点と辺の列 $v_1 e_1 v_2 e_2 v_3 \ldots v_n e_n v_{n+1}$ で，各辺 e_i が頂点 v_i と v_{i+1} を結ぶ辺であるもののことである．すなわち，歩道とはある頂点から接続している辺と頂点を交互に通過していく道筋のことである．グラフ（単純グラフ）においては，2 頂点間を結ぶ辺は 1 本しかないので，歩道 $W : v_1 e_1 v_2 e_2 v_3 \ldots v_n e_n v_{n+1}$ を $W : v_1 v_2 v_3 \ldots v_n v_{n+1}$ と頂点のみの列として表しても混乱はない．したがって，単純グラフの歩道は頂点の列で表す．

歩道 $W : v_1 e_1 v_2 e_2 v_3 \ldots v_n e_n v_{n+1}$ の始まりの頂点 v_1 を W の**始点**，終わりの頂点 v_{n+1} を W の**終点**といい，W を v_1–v_{n+1} 歩道という．また，W に含まれている辺の本数 n を W の**長さ**という．始点 v_1 と終点 v_{n+1} を歩道 W の**端点**という．v_1–v_{n+1} 歩道 W において，$v_1 = v_{n+1}$ のとき，すなわち，始点と終点が一致しているとき歩道は**閉じている**という．同じ辺を含まない歩道を**小道**，同じ頂点を含まない歩道を**道**という．閉

じた小道を**回路**，閉じた道を**閉路**という．閉路は，その長さが偶数のとき**偶閉路**，奇数のとき**奇閉路**とよばれる． □

▷**例 1.12** 図 1.17 のグラフ G において，$W_1 : abacdefdg$ は，a を始点，g を終点とする a–g 歩道である．W_1 は，8 本の辺 ab, ba, ac, cd, de, ef, fd, dg で構成されているので，長さは 8 である．また，W_1 は，辺 ab を 2 回，頂点 a, d をおのおの 2 回含んでいるので，小道でも道でもない．$W_2 : acdefdg$ は，同じ辺を含んでいないので a を始点，g を終点とする a–g 歩道であり，a–g 小道である．また，W_2 の長さは 6 である．しかし W_2 は，頂点 d を 2 回含んでいるので，道ではない．$W_3 : acdg$ は，同じ辺と同じ頂点を含んでいないので a を始点，g を終点とする a–g 道であり，その長さは 3 である．

$Q_1 : acdefdgba$ は，始点と終点が同じ a で同一の辺を含んでいないので，閉じた小道，すなわち，回路である．また，長さは 8 である．$Q_2 : acdgba$ は，始点と終点が同じ a で，同一の頂点を含んでいないので閉路である．また，長さは 5 である．このとき，Q_1 は同じ頂点 d を 2 回含んでいるので，閉路ではない．

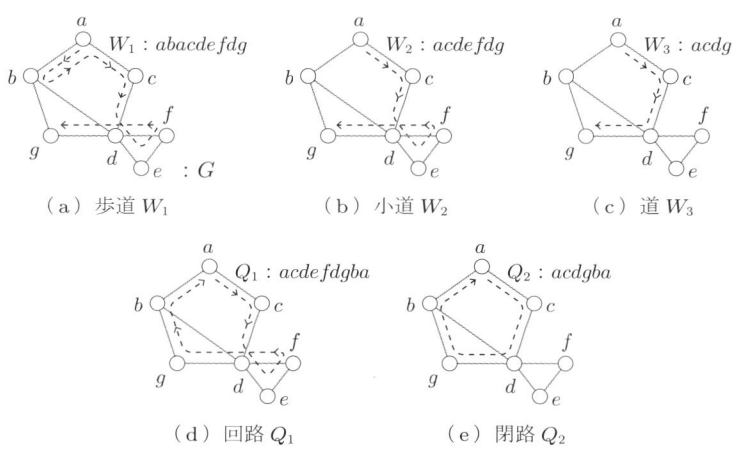

図 1.17 歩道，小道，道，回路，閉路

例題 1.12 （歩道，小道，道，回路，閉路）

次のグラフの小道ではない歩道，道ではない小道，閉路ではない回路をおのおの一つ挙げよ．また，偶閉路，奇閉路をおのおの一つ挙げよ．

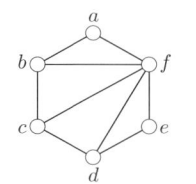

解 小道ではない歩道とは，同じ辺を含む歩道のことであり，道ではない小道とは，同じ辺は含まないが，同じ頂点を含む歩道のことである．小道ではない歩道として $W_1 : bcdfde$，道ではない小道として $W_2 : afcdfe$ がある．W_1 は辺 df を 2 回含んでいる歩道であり，W_2 は同じ辺は含んでいないが同じ頂点 f を 2 回含んでいる歩道である．

また，閉路ではない回路とは，同じ辺は含まないが，同じ頂点を含む閉じた歩道のことである．閉路ではない回路として $Q_1 : bcfdefb$ がある．Q_1 は同じ辺は含んでいないが同じ頂点 f を 2 回含んでいる閉じた小道である．ここで，Q_1 の表現で頂点 b が 2 回現れるが，これは b が Q_1 の始点かつ終点であるので，表記上 2 回現れているのであり，回路上で 2 回現れる頂点ではないことに注意してほしい．

また，$Q_2 : abcfa$ は長さが 4 で偶数であるので偶閉路であり，$Q_3 : abcdfa$ は長さが 5 で奇数であるので，奇閉路である．

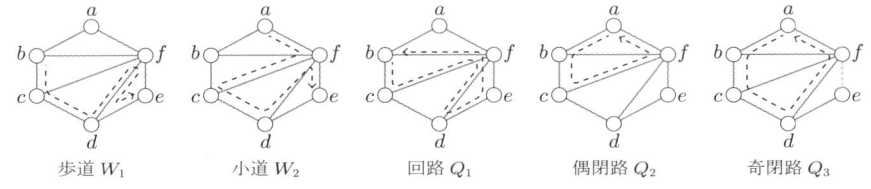

歩道 W_1 　　小道 W_2 　　回路 Q_1 　　偶閉路 Q_2 　　奇閉路 Q_3

定義 1.15（有向道，有向閉路）　有向グラフに関する**有向小道**，**有向道**，**有向回路**，**有向閉路**は，それぞれグラフにおける小道，道，回路，閉路の各辺を同じ向きの弧に置き換えたものである．　　　　　　　　　　　　　　　　　　　　　　　□

▷**例 1.13** 図 1.18 のグラフ G において，$W_1 : a \to c \to d \to e \to f \to d \to g$ は，同じ弧を含んでいないので，a を始点，g を終点とする a–g 有向小道である．また，6 本の弧 $a \to c$，$c \to d$，$d \to e$，$e \to f$，$f \to d$，$d \to g$ からなるので長さは 6 である．$W_2 : a \to c \to d \to g$ は，同じ弧と同じ頂点を含んでいないので a を始点，g を終点とする a–g 有向道であり，3 本の弧からなるので長さは 3 である．$Q_1 : a \to c \to d \to e \to f \to d \to g \to b \to a$ は，始点と終点が同じ a であり，同じ弧を含んでいないので有向回路であり，8 本の弧からなるので，長さは 8 である．また，$Q_2 : a \to c \to d \to g \to b \to a$ は同じ頂点を含んでおらず，始点と終点が同じ頂点 a であるので，長さ 5 の有向閉路である．

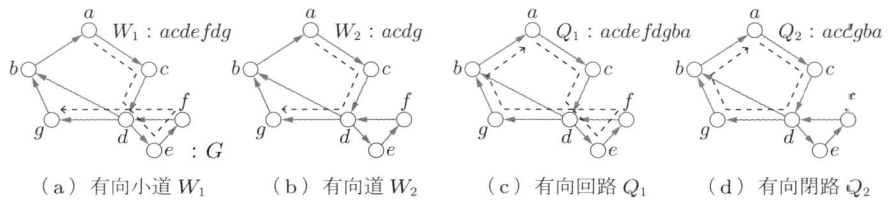

（a）有向小道 W_1　　（b）有向道 W_2　　（c）有向回路 Q_1　　（d）有向閉路 Q_2

図 1.18　有向小道，有向道，有向回路，有向閉路

例題 1.13 （有向道，有向閉路）

次の有向グラフの長さ 5 の有向道，長さ 6 の有向閉路をおのおの一つ挙げよ．

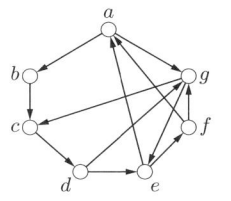

解 長さ 5 の有向道とは 5 本の弧よりなり，同じ頂点と同じ弧を含まないものである．$g \to c \to d \to e \to f \to a$ などがある．

長さ 6 の有向閉路とは 6 本の弧よりなり，同じ頂点と同じ弧を含まない閉じた有向道のことである．$a \to b \to c \to d \to g \to e \to a$ などがある．

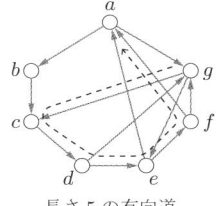 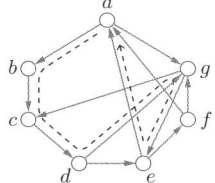

長さ 5 の有向道　　　　長さ 6 の有向道

2 部グラフは，奇閉路を用いて次のように特徴づけることができる．

定理 1.4 グラフ G に対して，G が 2 部グラフであることと，G が奇閉路を含まないことは同値である．

例題 1.14 （2 部グラフの判定）

次のグラフ G および H が 2 部グラフであるか判定せよ．

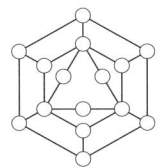 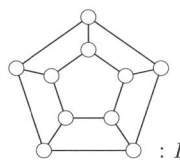

解 G の各頂点に対して，下図のように番号をつける．番号 1 のついた頂点からなる頂点集合 V_1 と，番号 2 のついた頂点からなる頂点集合 V_2 に $V(G)$ を分割すると，同じ番号のついた頂点同士が隣接していないので，G が V_1, V_2 を部集合としてもつ 2 部グラフであることがわかる．H には長さ 5 の奇閉路（たとえば，外側の 5 個の頂点からなる閉路）があるので，定理 1.4 より 2 部グラフではない．

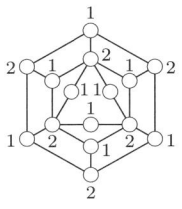

歩道，道，閉路に関しては，次のような性質が知られている．

定理 1.5
2 頂点間にそれらを結ぶ歩道が存在することと，道が存在することは同値である．

定理 1.6 最小次数が 2 以上のグラフには，閉路が存在する．

グラフ G の任意の 2 頂点間に道が存在するとき，G は**連結**であるという．連結性に関して極大な G の部分グラフをグラフ G の**成分**，あるいは**連結成分**という．$k(G)$ でグラフ G の成分数を表す．ここで，グラフ G が連結性に関して極大であるとは，G 以外に G を部分グラフとして含む連結グラフが存在しないことを意味している．

▷**例 1.14** 図 1.19 のグラフ G は，任意の 2 頂点間にそれらを結ぶ道が存在するので，連結であり，成分数 $k(G) = 1$ である．一方，グラフ H は，右側の 2 頂点からなる成分と左側の 4 頂点からなる成分の 2 個の成分からなるグラフである．したがって，$k(H) = 2$ であり，非連結グラフである．

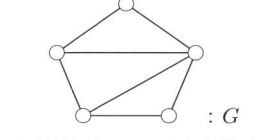
（a）連結グラフ G（成分数 1）

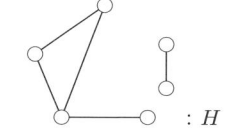
（b）非連結グラフ H（成分数 2）

図 1.19 グラフの成分数

成分数の観点からグラフの連結性を表すと次のようになる．

▶**注 1.3** (1) G が連結 $\iff k(G) = 1$
(2) G が非連結 $\iff k(G) \geq 2$

次に，グラフのサイズと位数および成分数の関係について考える．

与えられた位数，成分数をもちサイズが最小のグラフには，どの辺を除いても成分数が増えるという性質がある．この性質に着目することにより，サイズの下界が得られる．第 2 章で扱う木は，成分数が 1 で最小のサイズをもつグラフであり，サイズの最小性により多くの有用な構造を木にもたらしている．それらについては第 2 章で触れる．一方，サイズが最大のグラフは各成分が完全グラフであり，各成分の頂点の分布を考えることにより得られる．この性質により，与えられた位数と成分数をもつグラフのサイズの上界が定まる．次の定理が知られている．

定理 1.7（定理 1.8 のための補題）　グラフ G に対して，次が成立する．
$$|V(G)| - k(G) \leq |E(G)| \leq \frac{1}{2}(|V(G)| - k(G))(|V(G)| - k(G) + 1)$$
ここで，$|V(G)| - k(G) = |E(G)|$ となるのは，成分数が $k(G)$ で，閉路を含まないグラフである．$|E(G)| = \frac{1}{2}(|V(G)| - k(G))(|V(G)| - k(G) + 1)$ となるのは，$k(G) - 1$ 個の孤立点と位数 $|V(G)| - k(G) + 1$ の完全グラフ $K_{|V(G)| - k(G) + 1}$ で構成されるグラフである．

▷**例 1.15**　図 1.20 のグラフ G は，2 個の成分と 5 本の辺からなるグラフである．すなわち，成分数 $k(G) = 2$ で，$|E(G)| = |V(G)| - 2 = |V(G)| - k(G)$ である．よって，G は位数 7 で成分数 2 のグラフのうちサイズを最小にするものであることがわかる．また，グラフ H は，K_4 と K_1 の 2 個の成分からなり，サイズは 6 である．したがって，$k(H) = 2$ で，$|E(H)| = 6 = \frac{1}{2}(5-2)(5-1) = \frac{1}{2}(|V(H)| - 2)(|V(H)| - 1) = \frac{1}{2}(|V(H)| - k(H))(|V(H)| - k(H) + 1)$ となり，位数 5，成分数 2 グラフのうちでサイズを最大にするグラフであることがわかる．

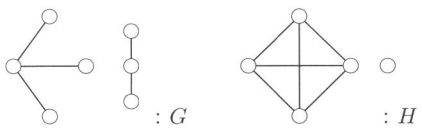

図 1.20　グラフの成分数とサイズの関係

例題 1.15（サイズが最大・最小のグラフ）

位数 8，サイズ 5，成分数 3 のグラフおよび，位数 8，サイズ 10，成分数 4 のグラフをおのおの一つ描け．

解

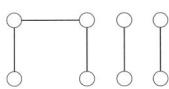

位数 8，サイズ 5，
成分数 3 のグラフ

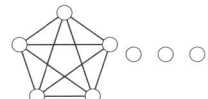

位数 8，サイズ 10，
成分数 4 のグラフ

定理 1.7 より次の結果が直ちに得られる．

24　第1章　グラフの基礎概念

定理 1.8
(1) $|E(G)| < |V(G)| - 1$ ならば，グラフ G は非連結である．
(2) $\frac{1}{2}(|V(G)| - 2)(|V(G)| - 1) < |E(G)|$ ならば，グラフ G は連結である．

証明　(1) グラフ G が連結であるとすると，注意 1.3 より $k(G) = 1$ となる．したがって，定理 1.7 より，$|V(G)| - 1 \leq |E(G)|$ を得るが，これは仮定に矛盾する．したがって，グラフ G は非連結である．
(2) グラフ G が非連結であるとすると，注意 1.3 より $k(G) \geq 2$ となる．したがって，定理 1.7 より，$|E(G)| \leq \frac{1}{2}(|V(G)| - 2)(|V(G)| - 1)$ を得るが，これは仮定に矛盾する．したがって，グラフ G は連結である． □

例題 1.16（連結性の判定）
(1) 位数 8，サイズ 6 のグラフは連結であるか．
(2) 位数 8，サイズ 22 のグラフは連結であるか．

解
(1) G を位数 8，サイズ 6 のグラフとする．
$$|E(G)| = 6 < 7 = 8 - 1 = |V(G)| - 1$$
であるので，定理 1.8 (1) より G は非連結である．
(2) H を位数 8，サイズ 22 のグラフとする．
$$\frac{1}{2}(|V(H)| - 1)(|V(H)| - 2) = \frac{1}{2}(8-1)(8-2) = \frac{1}{2} \cdot 7 \cdot 6$$
$$= 21 < 22 = |E(H)|$$
であるので，定理 1.8 (2) より H は連結である．位数 8 で，サイズがそれぞれ 6，22 のグラフの例としては次のようなものがある．

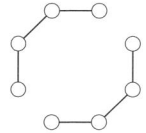 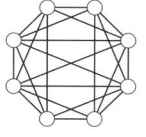

位数 8，サイズ 6 のグラフ　　位数 8，サイズ 22 のグラフ

定義 1.16（切断点，橋）　グラフ G の頂点 v に対して，頂点 v と v に接続している辺すべてを除くことによって得られるグラフを $G - v$ で表す．グラフ G の辺 e に対して，辺 e のみを除くことによって得られるグラフを $G - e$ で表す．$k(G - v) > k(G)$ となる頂点 v を**切断点**，$k(G - e) > k(G)$ となる辺を**橋**という．また，グラフ G の頂

点の集合 S に対して，S の頂点と S の頂点に接続している辺すべてを除くことによって得られるグラフを $G-S$ で表す．$k(G-S) > k(G)$ となる頂点の集合 S を**切断集合**といい，$|S|$ を切断集合の大きさという．切断点は 1 頂点からなる切断集合である．また，G に頂点 u と v を結ぶ道が存在し，$G-S$ が u と v を結ぶ道を含まないとき，頂点の集合 S は頂点 u, v を**分離する**という． □

定義 1.17（内素な道） 始点と終点が同じ 2 本の道 P_1 と P_2 が**内素**であるとは，P_1 と P_2 が始点と終点以外に共有点をもたないことである． □

▷**例 1.16** 図 1.21 のグラフ G において頂点 v_4, v_7, v_8 は切断点であり，辺 $v_7 v_8$ は橋である．頂点集合 $S = \{u_4, u_5, u_6, u_7\}$ はグラフ H の切断集合である．頂点集合 $\{u_4, u_5, u_7\}$ は頂点 u_1 と頂点 u_8 を分離する最も頂点数の少ない切断集合である．また，3 本の内素な（始点と終点以外は共有点をもたない）u_1–u_8 道 $P: u_1 u_2 u_3 u_7 u_8$, $Q: u_1 u_4 u_8$, $R: u_1 u_5 u_6 u_8$ が存在する．

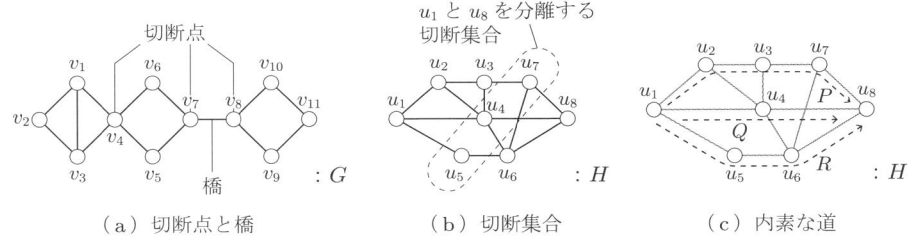

図 1.21 切断点，橋，切断集合

例題 1.17（切断点と橋）

次のグラフ G の切断点と橋をすべて求めよ．また，大きさ 3 の切断集合を一つ求めよ．

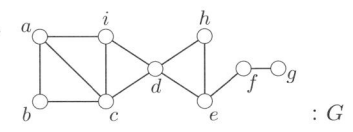

解 G が連結グラフであるので，切断点と橋は，除くとグラフが非連結となる点や辺のことである．したがって，頂点 d, e, f が切断点であり，辺 ef, fg が橋である．

また，大きさ 3 の切断集合は，3 頂点の集合で除くとグラフが非連結となるものである．たとえば $\{a, c, i\}$, $\{i, c, d\}$, $\{i, d, e\}$ などがある．

2 頂点を分離する集合の大きさに関しては，メンガーの定理とよばれる次の結果が知られている．

定理 1.9（メンガー） グラフ G の非隣接点 u, v を分離する頂点の集合の最小の大

きさと，u と v を結ぶ内素な（端点以外は共有点をもたない）道の最大本数が等しい．

定義 1.18（**距離，直径**） グラフ G の 2 頂点 u, v を結ぶ道の中で，最も長さの短い道の長さを，u と v の**距離**といい，$d_G(u,v)$ で表す．u, v が異なる成分の頂点のときは，$d_G(u,v) = \infty$ とし，また，$d_G(u,u) = 0$ とする．

連結グラフ G に対して，$\mathrm{diam}(G) = \max_{u,v \in V(G)}\{d_G(u,v)\}$ を G の**直径**という．ここで，$\max_{a \in A}\{f(a)\}$ は，集合 A のすべての要素 a に対応する $f(a)$ の中で最大のものの大きさを示している．すなわち，直径 $\mathrm{diam}(G)$ は，グラフ G の最も離れた 2 頂点間の距離のことである． □

▶**注 1.4** グラフ G の任意の 3 頂点 u, v, w に対して，
$$d_G(u,v) \leq d_G(u,w) + d_G(w,v)$$
が成立する．この式は，三角不等式とよばれている．

▷**例 1.17** 図 1.22 のグラフ G において $v_1 v_4 v_5 v_6$ が最短 v_1–v_6 道であるので，$d_G(v_1, v_6) = 3$ である．また，$v_4 v_5 v_7$ が最短 v_4–v_7 道であるので，$d_G(v_4, v_7) = 2$ である．直径 $\mathrm{diam}(G) = 3$ である．また，グラフ H において $\mathrm{diam}(H) = 2$ である．

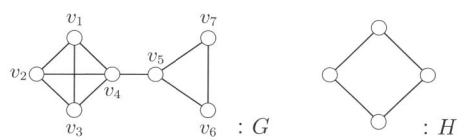

図 1.22　距離，直径

例題 1.18（距離と直径）

次のグラフにおいて $d_G(a,d)$ および直径を求めよ．

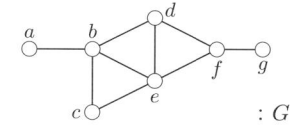

解 abd が最短 a–d 道であるので $d_G(a,d) = 2$ である．また，$d_G(a,g) = 4$ であり，G 上で a と g が最も離れた 2 頂点であるので，$\mathrm{diam}(G) = 4$ である．

例題 1.19（完全グラフ，完全 2 部グラフ，閉路の直径）

K_n, $K_{m,n}$, C_{2n} の直径を求めよ．

解 完全グラフ K_n の任意の 2 頂点は隣接しているので，任意の 2 頂点間の距離は 1 である．したがって，$\mathrm{diam}(K_n) = 1$ となる．

$\mathrm{diam}(K_{1,1}) = 1$ である．$(m,n) \neq (1,1)$ とし，完全 2 部グラフ $K_{m,n}$ の部集合を V_1,

V_2 とする．V_1 の任意の頂点と V_2 の任意の頂点は隣接しているので，距離は 1 である．また，V_1 の頂点同士は V_2 の頂点を介した道で結ばれているので，V_1 の頂点同士の距離は 2 である．V_2 の頂点同士の距離も同様に 2 である．したがって，$(m,n) \neq (1,1)$ のとき，$\mathrm{diam}(K_{m,n}) = 2$ となる．

偶閉路 C_{2n} は，頂点集合 $\{v_1, v_2, \ldots, v_{2n}\}$ をもち，辺集合 $\{\{v_i, v_{i+1}\}; i = 1, 2, \ldots, 2n-1\} \cup \{\{v_{2n}, v_1\}\}$ をもつグラフである．このとき，C_{2n} の最も離れた 2 頂点は v_1 と v_{n+1} のような，閉路において互いに反対側にある 2 頂点である．したがって，$\mathrm{diam}(C_{2n}) = n$ となる．

ここでの距離は，辺の本数で定義されているが，応用上は，辺に対応する道路の実際の長さやその道路の移動にかかる時間などを考慮しなければならない．すなわち，実際の距離や移動にかかる時間を示す指標が必要となる．そのような指標を重みとよび，重みのついたグラフに関しては，2.5 節で扱う．

第 1 章のおわりに

第 1 章では，グラフの基本的な概念を説明した．第 1 章の内容が理解できれば，第 2 章以降はいずれの章も読むことができる（ただし，重み付きグラフについては 2.2 節参照）．ここでは，第 2 章以降で扱う内容について簡単に紹介しよう．

第 2 章では，連結で閉路を含まないグラフである木を扱う．木は，グラフとしての構造の解析はもとより，探索アルゴリズムと密接に関係しており，最適化の側面からの研究も活発におこなわれているグラフの族である．木は単純であるが，極めて特徴のあるグラフであり，多くの応用が知られている．たとえば，通信網の構築においてすべての回線を一斉に建設することはできないとき，まずはすべての場所と通信できるような最小限の回線を建設していくことを考えたい．このような場合，連結性に関して，極小な部分グラフ，すなわち木を求めることが必要となる．そのほか，データ検索や，送電網・インターネット通信網等のネットワークの構築の観点からも，木の応用研究がおこなわれている．

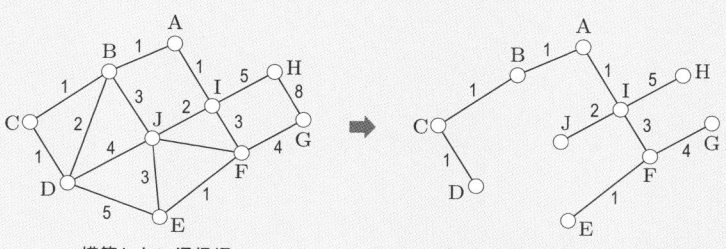

構築したい通信網　　　　　ポイント間で連絡可能な通信網

第3章では，周遊性に関して重要な性質をもつオイラーグラフとハミルトングラフという，古くから知られたグラフについて学ぶ．

たとえば，道路の保守管理をするとき，担当区域の街路をすべて最低1回は通過するルートを求めることが必要である．最も効率がよいのは，すべての街路をちょうど1回通るルートである．そのようなルートは常に存在するのだろうか．存在しないときには，重複部分をなるべく少なくするためにはどうしたらよいのだろうか．すべての辺をちょうど1回通って出発点へ戻ってくる経路をもつグラフを，オイラーグラフという．すべての辺を巡る経路を求める問題はオイラーグラフの主要な研究課題であり，応用的には郵便配達員問題へと発展している．

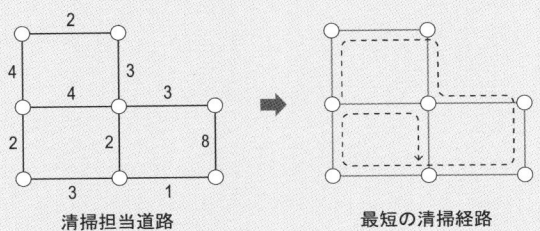

清掃担当道路　　　　　最短の清掃経路

これに対して，すべての頂点をちょうど1回通って出発点へ戻ってくる経路をもつグラフをハミルトングラフという．たとえば，観光においていろいろなスポットをちょうど一回おとずれて，出発点へ戻るルートを求める問題はハミルトングラフの研究に帰着し，さらに，全体の移動距離が最小のルートを求める巡回セールスマン問題へと発展している．

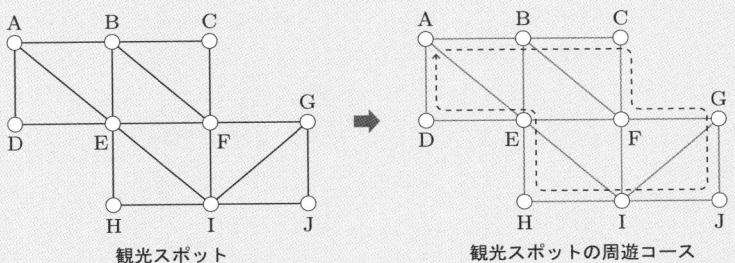

観光スポット　　　　　観光スポットの周遊コース

第4章では，ネットワークの理論の基礎概念を学ぶ．コンビニなどの商品のサプライチェーン・マネージメントでは，必要なときに必要な物を必要な場所に送ることが求められている．また，インターネットでは回線を通じて多くの情報が行き来している．いずれの場合も，輸送経路や回線には一度に送ることができる物の量や情報量には制限があり，それを超えて送ることはできない．制限のある輸送網のもとで，できるだけ多くのものを

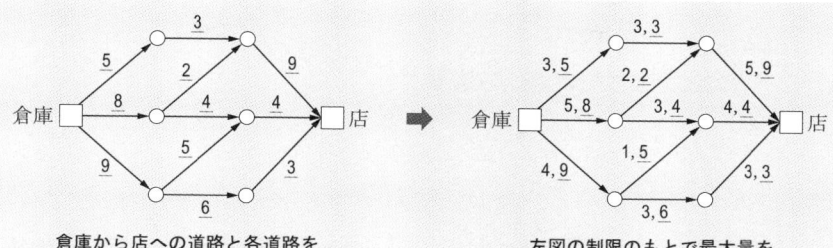

移動させるための計画を立てることが求められているのである．このような問題は，グラフ理論ではネットワークの理論として研究されている．

　第5章では，マッチングに関する基礎概念を学ぶ．スポーツのリーグ戦における対戦カードは，リーグ戦に参加しているチームを2チームずつに分けることによって決定できる．リーグ戦は何日かに分けておこなうのであるが，対戦カードの決め方によっては，必要以上に日数がかかってしまう可能性がある．また，プロ野球における交流戦では，異なるリーグに所属するチーム同士の対戦がおこなわれる．これは，異なるリーグのチーム間の対戦という制限下で，対戦カードを決定しなければならないことを意味している．このような問題は，グラフ理論におけるマッチングの理論を用いると解決できる場合が多い．

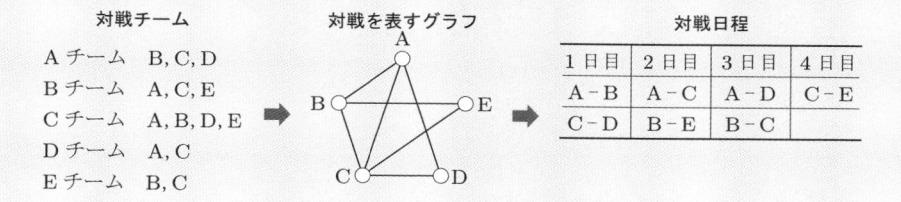

　第6章では，平面的グラフに関する基礎概念を学ぶ．平面的グラフとは，平面上に辺の交わりがなく描けるグラフのことであり，古くから知られる正凸多面体グラフや，グラフ理論上の重要な問題である4色問題との関係においても，よく研究されている．

　位数，サイズおよび領域数の関係を表すオイラーの公式から平面的グラフの様々な性質が導かれている．

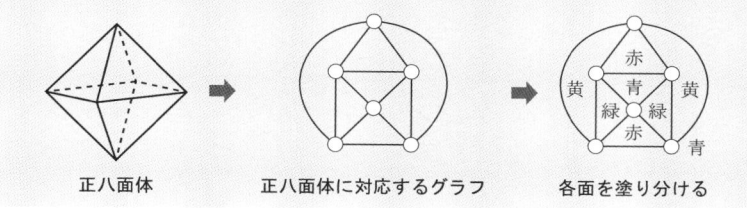

演習問題 1

▶ 1.2 基本的な定義

1.1 (1) $V(G) = \{a,b,c,d,e,f,g,h\}$, $E(G) = \{\{a,b\},\{a,c\},\{a,d\},\{b,f\},\{e,f\},\{f,g\},\{g,e\}\}$ なるグラフ G の図を描き，位数とサイズを求めよ．
(2) (1) のグラフにおいて頂点 a と頂点 d，頂点 a と頂点 h は隣接しているか．また，頂点 b の近傍 $N_G(b)$ を求めよ．
(3) (1) のグラフの辺 $\{b,f\}$ の端点を求めよ．また，頂点 g に接続している辺をすべて求めよ．

1.2 (1) $V(D) = \{a,b,c,d,e\}$, $E(D) = \{(a,c),(a,d),(b,c),(b,e),(c,e),(c,b),(d,e)\}$ なる有向グラフ D の図を描き，位数とサイズを求めよ．
(2) (1) の有向グラフの弧 (a,c) の始点と終点を求めよ．
(3) (1) の有向グラフにおいて，頂点 b を始点とする弧をすべて求めよ．また，頂点 e を終点とする弧をすべて求めよ．

1.3 次のグラフ G に対して次の問いに答えよ．

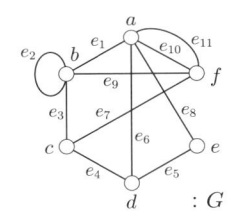

(1) ループはどれか．
(2) 多重辺はどれか．
(3) G は C_5 と同型な部分グラフを含むか．
(4) $S = \{a,c,d,e\}$ に対して，S に関する誘導部分グラフ $\langle S \rangle_G$ を求めよ．
(5) G の全域部分グラフを一つ挙げよ．
(6) G のクリークのうちで最も位数の大きいものを一つ挙げよ．

1.4 位数 5，サイズ 4 のグラフで同型ではないものをすべて求めよ．

1.5 K_4, $K_{2,4}$, $K_{2,2,3}$, P_6, C_6 を描け．また，それぞれの位数とサイズを求めよ．

1.6 $K_{m,n,s}$, P_n, C_n の位数とサイズを求めよ．

▶ 1.3 次数

1.7 次のグラフ G において，頂点 a, b, c の次数，最大次数 $\Delta(G)$，最小次数 $\delta(G)$ を求めよ．

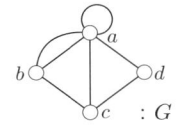

1.8 $\Delta(G) = 4$, $\delta(G) = 2$ となる位数 5 のグラフを一つ求めよ.

1.9 位数 p のグラフ G に対して, $0 \leq d_G(v) \leq p-1$ が成立することを示せ.

1.10 位数 2 以上の連結グラフには, 次数が同じ頂点が存在することを示せ.

1.11 次の有向グラフ D において, 頂点 a, b の入次数と出次数を求めよ.

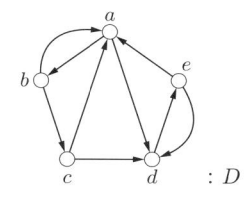

1.12 入次数と出次数の最大値がともに 4 である位数 8 の有向グラフを一つ求めよ.

1.13 次数として次の数をもつグラフが存在するか.
(1) 2, 2, 2, 1, 1
(2) 3, 2, 2, 2, 1, 1

1.14 次のグラフ G を誘導部分グラフとして含む正則グラフを一つ求めよ.

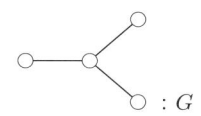

1.15 グラフ G の次数の平均値が $\dfrac{2|E(G)|}{|V(G)|}$ であることを示せ.

1.4 隣接行列

1.16 次のグラフ G の隣接行列 $A(G)$ を求めよ.

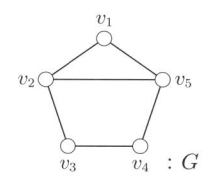

1.17 次のグラフ G の隣接行列 $A(G)$ を求めよ.

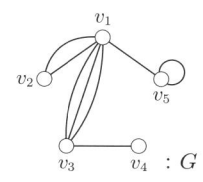

1.5 道と閉路

1.18 次のグラフ G において，以下をおのおの一つ挙げよ．

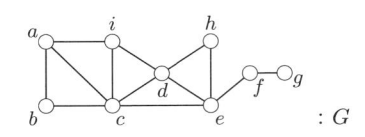

: G

(1) 長さ 5 の小道ではない a–e 歩道．
(2) 長さ 5 の道ではない a–e 小道．
(3) 長さ 3 の a–e 道．
(4) 頂点 a を含む長さ 5 の閉路．
(5) 頂点 a を含む長さ 8 の閉路ではない回路．

1.19 次の有向グラフ D において，以下をおのおの一つ挙げよ．

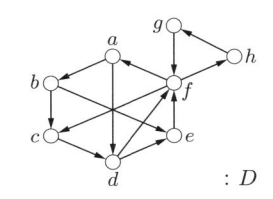

: D

(1) 長さ 5 の有向道ではない a–e 有向小道．
(2) 長さ 4 の a–e 有向道．
(3) 頂点 a を含む長さ 5 の有向閉路．
(4) 頂点 a を含む長さ 8 の有向閉路ではない有向回路．

1.20 次のグラフ G, H, I の成分数を求めよ．

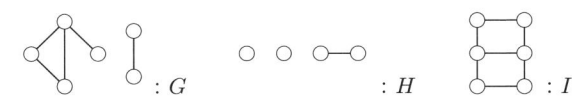

: G　　　: H　　　: I

1.21 $|E(G)| = |V(G)| - 1$ となる位数 4 と 5 のグラフを一つずつ挙げよ．

1.22 $|E(G)| = \frac{1}{2}(|V(G)| - 3)(|V(G)| - 2)$ となる成分数 3，位数 6 のグラフを一つ挙げよ．

1.23 辺 e がグラフ G の橋であることと，e を含む閉路が G に存在しないことが同値であることを示せ．

1.24 2 部グラフが奇閉路を含まないことを示せ．

第2章 木と探索アルゴリズム

連結で閉路を含まないグラフを木という．木は単純であるが，極めて有用な構造をもっている．木は，データの表現として利用され，探索アルゴリズムと密接に関係している．本章ではそのような木の性質を学ぶ．

2.1 木とは

　木は，グラフとしての構造の解析はもとより，最適化のためのアルゴリズム的な研究も活発におこなわれているグラフの族である．木に関する初期の研究は主に化学の分野で，とくに異性体の数え上げの目的でおこなわれた．近年は，データ検索や，送電網・インターネット通信網等のネットワークの分野でも研究がおこなわれている．

　たとえば，道路網の建設においてすべての道路を一斉に建設することはできないとき，まずはすべての場所へ行けるようにすることを優先して道路を建設していくことを考えたい（図 2.1）．このような場合，連結性に関して，極小な部分グラフを求めることが必要であり，そのようなグラフが木である．

　また，データを木の各頂点に格納することにより効率よくデータの探索がおこなえることが知られており，データ構造のアルゴリズム設計においても有用な概念である．

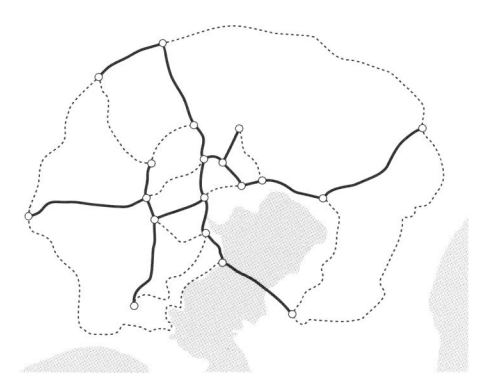

太線が最初に建設する部分となる．

図 2.1　道路網に対応するグラフ

2.2 木と最小全域木

定義 2.1（木と林） 閉路を含まないグラフを**森**あるいは**林**といい，連結で閉路を含まないグラフを**木**という． □

例題 2.1（木と林）

位数7の木および，位数7で成分数3の林の例をおのおの一つ挙げよ．

解 位数7であるので，求めるグラフは7個の頂点からなるグラフである．また，木は連結で閉路を含まないグラフである．成分数3の林は，3個の閉路を含まない連結グラフからなるグラフである．

位数7の木　　　　位数7，成分数3の林

例題 2.2（同型でない木の列挙）

位数5以下の木で，同型でないものをすべて求めよ．

解 位数1, 2, 3の木はおのおの1個である．位数4の木は，位数3の木に1点と1辺を閉路ができないように加えたグラフであることを考えると，2個存在することがわかる．位数5の木は，2個ある位数4の木に1点と1辺を閉路ができないように加えたグラフである．同型性を考えると3個存在することがわかる．

木の特徴付けとしては，次のようなものがある．

定理 2.1 位数 $p \geq 1$ のグラフ T に対して，次の各命題は同値である．
(1) T は木である．
(2) T は連結で，T の辺はすべて橋である．
(3) T は連結で，サイズは $p-1$ である．
(4) T は閉路を含まないが，T の非隣接な2頂点を辺で結ぶとちょうど1個の閉路ができる．

定理 2.1 (2) は，木が連結性に関して極小なグラフ，すなわち，どの辺を除いても非

連結になるグラフであることを意味している．また，定理 2.1 (4) は，木が非閉路性に関して極大なグラフ，すなわち，どの辺を加えても閉路ができてしまうグラフであることを意味している．木は，このように連結性と非閉路性に関して特徴的なグラフの族といえる．定理 2.1 (3) は，木の定量的な性質を述べたものである．定理 2.1 と握手の補題（定理 1.1）から以下の結果が導かれる．

系 2.1 位数 2 以上の木には，次数 1 の頂点が少なくとも 2 点存在する．

証明 木 T に次数 1 の頂点が 1 個以下しか存在しないとすると，T の各頂点は 1 個（頂点 u）を除いて，その次数が 2 以上となる．すなわち，$d_T(v) \geq 2$ $(v \in V(T) - \{u\})$ かつ，$d_T(u) = 1$ である．したがって，定理 1.1 と定理 2.1 (3) より

$$2(p-1) + 1 \leq \sum_{v \in V(T) - \{u\}} d_T(v) + d_T(u)$$
$$= \sum_{v \in V(T)} d_T(v)$$
$$= 2|E(T)| = 2(p-1)$$

となり，矛盾が生じてしまう． □

―**例題 2.3**（次数 1 の頂点と木）――――――――――――――――
次数 1 の頂点を 2 個もつ位数 8 の木，および次数 1 の頂点を 6 個もつ位数 8 の木をすべて挙げよ．
⋯⋯⋯⋯⋯⋯⋯⋯⋯⋯⋯⋯⋯⋯⋯⋯⋯⋯⋯⋯⋯⋯⋯⋯⋯⋯⋯⋯⋯⋯⋯⋯⋯⋯⋯⋯⋯⋯⋯
解

次数 1 の頂点を 2 個もつ位数 8 の木

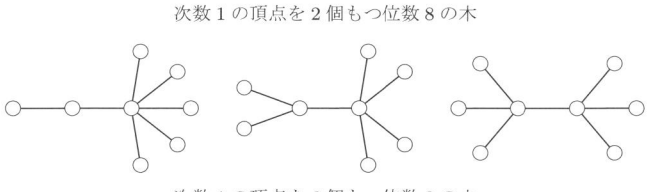

次数 1 の頂点を 6 個もつ位数 8 の木

ここで，新たにグラフの重みという概念を導入する．

定義 2.2（重み付きグラフ） グラフの辺に距離や移動時間に対応する実数を割り当てたグラフを**重み付きグラフ**といい，割り当てた実数を**重み**とよぶ．本書では重みとしては非負の実数のみを扱う．辺 e に関する重みを $w(e)$ で表す．グラフ G の重み $w(G)$ とは，G に含まれている辺の重みの総和

$$w(G) = \sum_{e \in E(G)} w(e)$$

のことである．また，G の部分グラフ H の重み $w(H)$ は，H に含まれている辺の重みの総和のことである． □

▷**例 2.1** 図 2.2 のグラフ G において，辺 v_1v_2 の重みは $w(v_1v_2) = 3$ である．また，$w(G) = w(v_1v_2) + w(v_2v_3) + w(v_1v_3) + w(v_3v_5) + w(v_3v_4) + w(v_4v_5) + w(v_1v_5) = 3 + 2 + 4 + 3 + 7 + 1 + 5 = 25$ である．G の部分グラフ H の重みは，$w(H) = w(v_1v_2) + w(v_2v_3) + w(v_3v_4) = 3 + 2 + 7 = 12$ である．

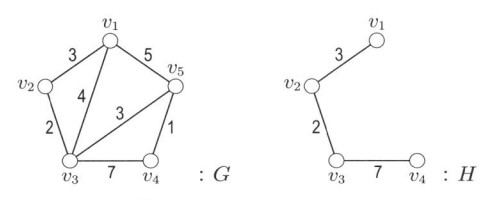

図 2.2　重み付きグラフ

例題 2.4（道の重みを求める）

次のグラフ G の 3 本の v_1–v_5 道 $W_1 : v_1v_2v_4v_5$，$W_2 : v_1v_5$，$W_3 : v_1v_3v_5$ の重みを求めよ．

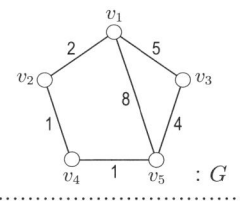

解
$w(W_1) = w(v_1v_2) + w(v_2v_4) + w(v_4v_5) = 2 + 1 + 1 = 4$
$w(W_2) = w(v_1v_5) = 8$
$w(W_3) = w(v_1v_3) + w(v_3v_5) = 5 + 4 = 9$

定義 2.3（全域木，最小全域木）　全域部分グラフで木であるものを**全域木**とよぶ．重み付きグラフの全域木の中でとくに重要なのが，重みが最小の全域木，すなわち，**最小全域木**である． □

たとえば，2.1 節で紹介した道路網の建設において求められている全域木が最小全域木である．また，次章で扱う巡回セールスマン問題の近似解を最小全域木を利用して求める手法もある．このように最小全域木を求めることは，様々な問題の解決のための出発点の一つとなっている．

▷**例 2.2** 図 2.3 の部分グラフ T_1 はグラフ G の頂点をすべて含んでおり，なおかつ閉路を含まないので，G の全域木である．また，T_2 は重み付きグラフ H の最小全域木であり，$w(T_2) = 8$ である．実際，T_2 は閉路を含まず H の頂点をすべて含み，T_2 の辺は H の辺の中で重みの小さい順に最小のものから 4 番目までの辺で構成されている．

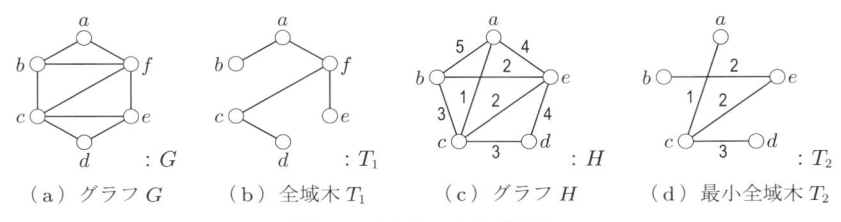

(a) グラフ G　　(b) 全域木 T_1　　(c) グラフ H　　(d) 最小全域木 T_2

図 2.3　全域木，最小全域木

系 2.2 連結グラフには全域木が存在する．

証明 連結グラフ G から，それ以上どの辺を除いてもグラフが非連結になってしまうまで辺を除くことによって得られたグラフを，T とする．このとき T は，連結で，G から辺のみを除いているので，G の頂点をすべて含んでいる．したがって，G の連結な全域部分グラフである．また，どの辺を除いてもグラフが非連結となることは，各辺が橋であることを意味している．したがって，定理 2.1 (2) より，T は G の全域木である． □

例題 2.5（全域木を求める）

次のグラフの全域木を一つ挙げよ．

: G

解 G から，除いた後のグラフが連結であるという条件を満たすように辺を順次除いていく．

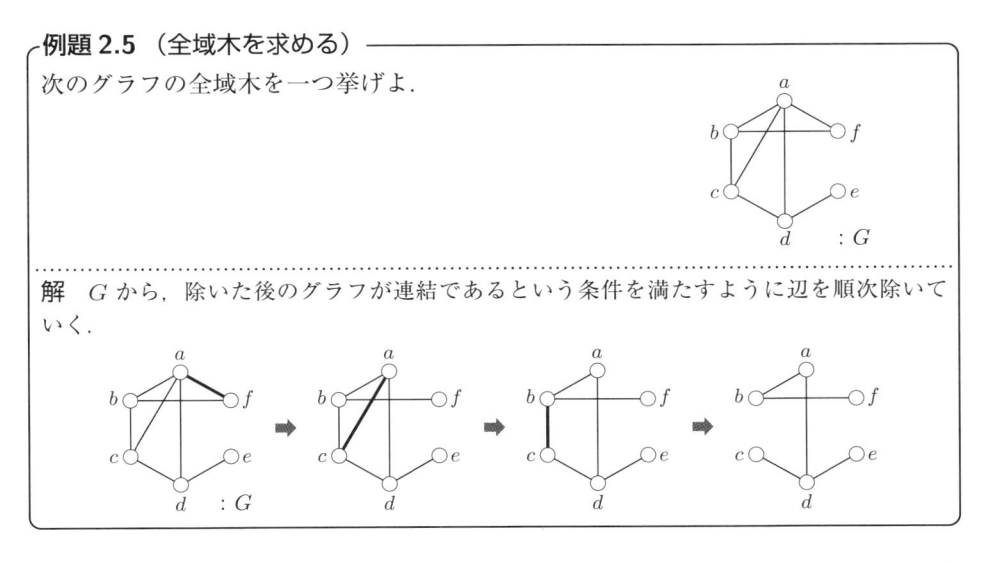

: G

最小全域木を求めるためには，系 2.2 の証明のように利用しない辺を除いていく方法もあるが，閉路を形成しない辺を採用する次のような方法もある．ここで，$V(T)$ は

最小全域木を形成する頂点を，$E(T)$ は順次採用していく辺の集合を表している．

アルゴリズム 2.1 最小全域木を求める：クルスカルのアルゴリズム

入力：連結な重み付きグラフ G，$p = |V(G)|$，$q = |E(G)|$
出力：最小全域木 T

step.0 $V(T) = V(G)$，$E(T) = \emptyset$，$i = 1$ とする．G の辺の重みを小さい順に $w(e_1) \leq w(e_2) \leq \cdots \leq w(e_q)$ と並べる．

step.1 $|E(T)| = p - 1$ ならば，T を出力して終了．

step.2 e_i が次の条件 $(*)$ を満たすならば $e = e_i$ として step.3 へ．満たさないならば，i を $i + 1$ に置き換えて step.2 へ．
$(*)$ "T に辺 e_i を加えても閉路ができない．"

step.3 $E(T) = E(T) \cup \{e\}$ とし，T に辺 e を加えたグラフを新たに T とし i を $i + 1$ に置き換えて step.1 へ戻る．

クルスカルのアルゴリズムでは，step.0 で $V(T) = V(G)$，$E(T) = \emptyset$ としているので，辺を含まない頂点のみからなる G の全域部分グラフに閉路を構成しない辺を加えて，全域木を求めていることになる．クルスカルのアルゴリズムで選択する辺はアルゴリズムの条件 $(*)$ を満たしているので，定理 2.1 (4) の性質を考えると，step.1 で採用できる辺が存在しなくなると T が木，すなわち G の全域木となっていることがわかる．また，step.2 で重みの小さい辺より選択しているので，重みの総和が最小の全域木，すなわち最小全域木を求められることになる．

例題 2.6（クルスカルのアルゴリズムの適用）

次のグラフ G にクルスカルのアルゴリズムを適用して最小全域木を求めよ．

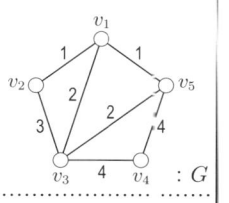

解 次の手順で最小全域木を求める．

step.0 $V(T) = V(G)$，$E(T) = \emptyset$，$i = 1$．$\begin{cases} e_1 = v_1v_2, e_2 = v_1v_5, e_3 = v_1v_3, e_4 = v_3v_5, \\ e_5 = v_2v_3, e_6 = v_3v_4, e_7 = v_4v_5 \end{cases}$

step.1 $|E(T)| = 0 \neq 5 - 1 = 4$

step.2 $e_1 = v_1v_2$ は T に加えても閉路ができない．

step.3 $E(T) = \emptyset \cup \{v_1v_2\} = \{v_1v_2\}$，$i = 1 + 1 = 2$

step.1 $|E(T)| = 1 \neq 4$

step.2 $e_2 = v_1v_5$ は T に加えても閉路ができない．

```
step.3  E(T) = {v_1v_2} ∪ {v_1v_5} = {v_1v_2, v_1v_5},  i = 2 + 1 = 3
step.1  |E(T)| = 2 ≠ 4
step.2  e_3 = v_1v_3 は T に加えても閉路ができない.
step.3  E(T) = {v_1v_2, v_1v_5} ∪ {v_1v_3} = {v_1v_2, v_1v_5, v_1v_3},  i = 3 + 1 = 4
step.1  |E(T)| = 3 ≠ 4
step.2  辺 e_4 = v_3v_5 は, T に加えたときに閉路ができるので選択できない.  i = 4 + 1 = 5
step.2  辺 e_5 = v_2v_3 は, T に加えたときに閉路ができるので選択できない.  i = 5 + 1 = 6
step.3  e_6 = v_3v_4 は T に加えても閉路ができない.
step.3  E(T) = {v_1v_2, v_1v_5, v_1v_3} ∪ {v_3v_4} = {v_1v_2, v_1v_5, v_1v_3, v_3v_4},  i = 6 + 1 = 7
step.1  |E(T)| = 4 = 4,  終了.
```

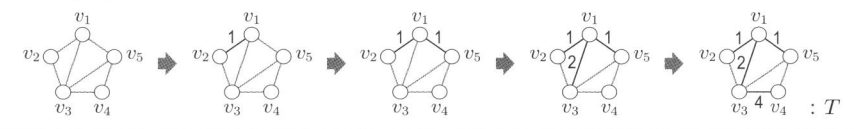

クルスカルのアルゴリズムを実行するとき「閉路ができない」という条件を判定する必要があるが，異なる成分に端点をもつ辺を考えることにより，この条件を満たす辺が採用できる．最小全域木を求める別のアルゴリズムとして，頂点集合間の重み最小の辺を採用していくプリムによるアルゴリズムも知られている．

2.3 根付き木と BFS（幅優先探索）アルゴリズム

多量のデータを整理するとき，データをその相互の関連性に基づいて大項目・小項目と関連づけに従って分類する．これはすなわち，最上位の1点から下へ向かって分岐していく木状にデータを分類することである．このような木には，データの上位・下位の属性を示す構造が必要である．そのような構造をもった木が，本節で扱う根付き木である．また，本節では，根付き木の一つである BFS 木を形成する探索アルゴリズムである **BFS**（breadth first search, 幅優先探索）アルゴリズムを導入する．

定義 2.4（根付き木） 有向木とは，有向グラフで弧を辺に置き換えることによって得られるグラフ（すなわち，弧の向きをなくしたときに得られるグラフ）が木となるようなグラフのことである．**根付き木**とは，有向木で入次数 0 の頂点をちょうど 1 個もち，他の頂点の入次数がすべて 1 であるもののことである．根付き木の入次数 0 の頂点を**根**といい，出次数 0 の頂点を**葉**という．また，根および出次数が 0 ではない頂点を**内点**という．一つの頂点からなる木の場合，その 1 個の頂点は根であり，葉であり，内点である．根から各頂点へはちょうど 1 本の有向道が存在する．根付き木の内点 u に対して弧 $u \to v$ が存在するとき，u を v の**親**といい，v を u の**子**という．同じ親を

もつ頂点を**兄弟**あるいは，**きょうだい**という．根付き木において頂点 u から頂点 v への有向道が存在するとき，u を v の**先祖**，v を u の**子孫**という（図 2.4 参照）．根から各頂点までの有向道の長さをその頂点の**深さ**，あるいは**水準**という．また，根付き木の根から各頂点までの有向道の長さの最大値を，根付き木の**高さ**という．すなわち，深さの最大値が，根付き木の高さである．

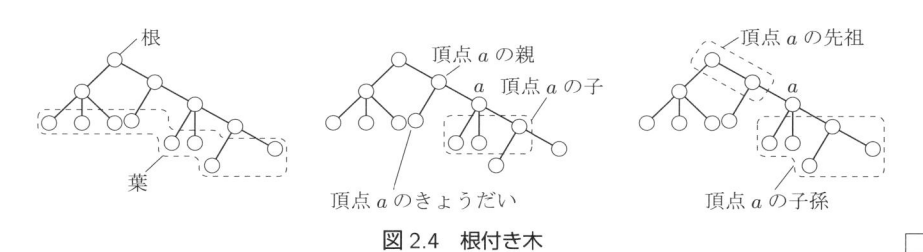

図 2.4　根付き木

　根付き木を描くとき，根を一番上に描き内点の下にその子を描くと，各弧は上から下に向かう弧として描くことになる．このとき，弧は必ず上から下へ向かうものとして弧の向きを省略することができる．根付き木の表現としては，弧の向きを省略することが一般的である．

▷**例 2.3**　図 2.5 の T_1 は頂点 r を根とする根付き木である．頂点 c, f, g, e は，出次数が 0 の頂点であるので葉である．また，頂点 r, a, b, d は内点である．頂点 d, e は，b の子であり，互いにきょうだいである．また，頂点 b は，d, e の親である．頂点 r から d への有向道 $r \to b \to d$ および，頂点 b から d への有向道 $b \to d$ があるので，r, b は d の先祖である．また，頂点 b から d, e, f, g への有向道がおのおの存在するので，d, e, f, g は b の子孫である．頂点 d の深さは，r–d 有向道 $r \to b \to d$ の長さが 2 であるので 2 である．r の深さが 0，a, b の深さが 1，c, d, e の深さが 2，f, g の深さが 3 であるので，T_1 の高さは 3 である．

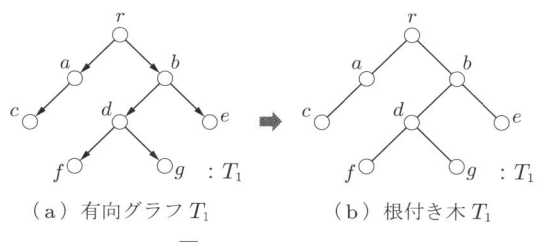

図 2.5　根付き木 T_1

定義 2.5（m 分木と正則 m 分木） 各内点の子の個数が高々 m である根付き木を m 分木といい，内点すべてがちょうど m 個の子をもつ根付き木を**正則 m 分木**という．□

▷**例 2.4** 図 2.6 の T_2 は 3 分木であり，T_3 は正則 2 分木である．

（a）3 分木 　　　　　（b）正則 2 分木

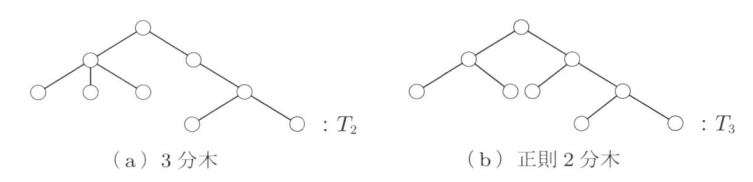

図 2.6 m 分木，正則 m 分木

例題 2.7（正則 2 分木）

高さ 3 の正則 2 分木で葉が 8 個のものを一つ挙げよ．また，その正則 2 分木の内点の個数を求めよ．

解 内点は 7 点である．

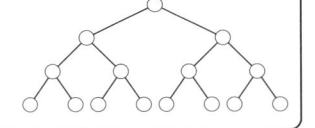

正則 2 分木の葉の数と内点の個数の間には，次のような関係があることが知られている．

定理 2.2 正則 2 分木の内点の数を i，葉の数を t とすると，次の関係が成立する．
$$i = t - 1$$

証明 正則 2 分木 T は t チームでおこなわれる勝ち抜き戦（トーナメントで，敗者復活はないもの）を表していると考えられる．すなわち，葉が参加チームに対応し，内点が試合に対応すると考えられる（したがって，根は決勝戦と考えられる）．勝ち抜き戦では，1 試合おこなわれるとトーナメントを去る敗退チームが 1 チーム決まり，優勝チーム以外の $t-1$ チームの敗退が決まったときに全試合が終了する．したがって，全試合数（i）＝優勝チーム以外のチーム数（$t-1$）が成立する． □

例題 2.8（トーナメントの試合数）

16 チームでおこなわれるトーナメントの試合数を求めよ．

解 16 チームによるトーナメントであるので，定理 2.2 より "$16 - 1 = 15$" 試合が優勝チームの決定には必要である．しかし，たとえば，サッカーのワールドカップの決勝トーナメントのように，3 位決定戦がおこなわれる場合は，"$15 + 1 = 16$" 試合となる．

この勝ち抜き戦と根付き木の対応関係を考えると，正則 m 分木の葉の数と内点の数の間の，次のような関係が得られる．

定理 2.3 正則 m 分木の内点の数を i，葉の数を t とすると，次の関係が成立する．
$$(m-1)i = t-1$$

証明 1 回の試合で（ジャンケンのように）m チームが対戦して勝ち抜く 1 チームを選び（このとき $m-1$ チームが 1 回の試合で敗退する），優勝の 1 チームを決める勝ち抜き戦を考えると，

(1 回の試合で敗退するチーム数 $(m-1)$) × (全試合数 (i))
= (優勝チーム以外のチーム数 $(t-1)$)

が成立する．したがって，$(m-1)i = t-1$ を得る． □

始点から近い順にデータを走査して必要なデータを求める方法の一つが，次の BFS アルゴリズムである．この探索の際には，BFS 木とよばれる根付き木が形成される．

アルゴリズム 2.2 始点から各頂点への距離を求める：BFS アルゴリズム

入力：連結グラフ G と始点 $s \in V(G)$
出力：G の全域木 T（BFS 木）と各頂点 v のラベル $n(v)$

step.0 G の頂点 v すべてに対して，$n(v) = *$ とラベル付けをする．
$n(s) = 0$，$i = 0$，$V(T) = V(G)$，$E(T) = \emptyset$ とする．

step.1 $n(u) = i$ なるすべての頂点 u に対して，頂点 u に隣接し $n(w) = *$ である頂点 w をすべて探索する．そのような頂点が存在しないときは，終了．

step.2 頂点 w が探索された頂点ならば，$n(w) = i+1$ とする．
$E(T) = E(T) \cup \{uw \in E(G); u$ は $n(u) = i$ なる頂点，w は step.1 で求めた頂点$\}$ とする．

step.3 $i = i+1$ とし，step.1 へ戻る．

BFS アルゴリズムで各頂点につけられたラベルは，始点 s から各頂点への距離を示している．したがって，BFS アルゴリズムを用いると頂点間の距離を求めることができる．ここでは，入力として連結グラフとしているが，非連結グラフに対して BFS アルゴリズムを実行すると，BFS アルゴリズム終了時に $*$ 印のついた頂点がまだ残っていることになる．したがって，BFS アルゴリズムを利用するとグラフの連結性が判定できることにもなる．

例題 2.9（BFS アルゴリズムの適用）

次の連結グラフ G に頂点 s を始点とし，BFS アルゴリズムを適用せよ．

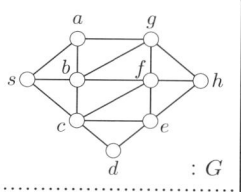

解 BFS アルゴリズムを適用した際の流れを示す．w は step.1 で求められた頂点である．

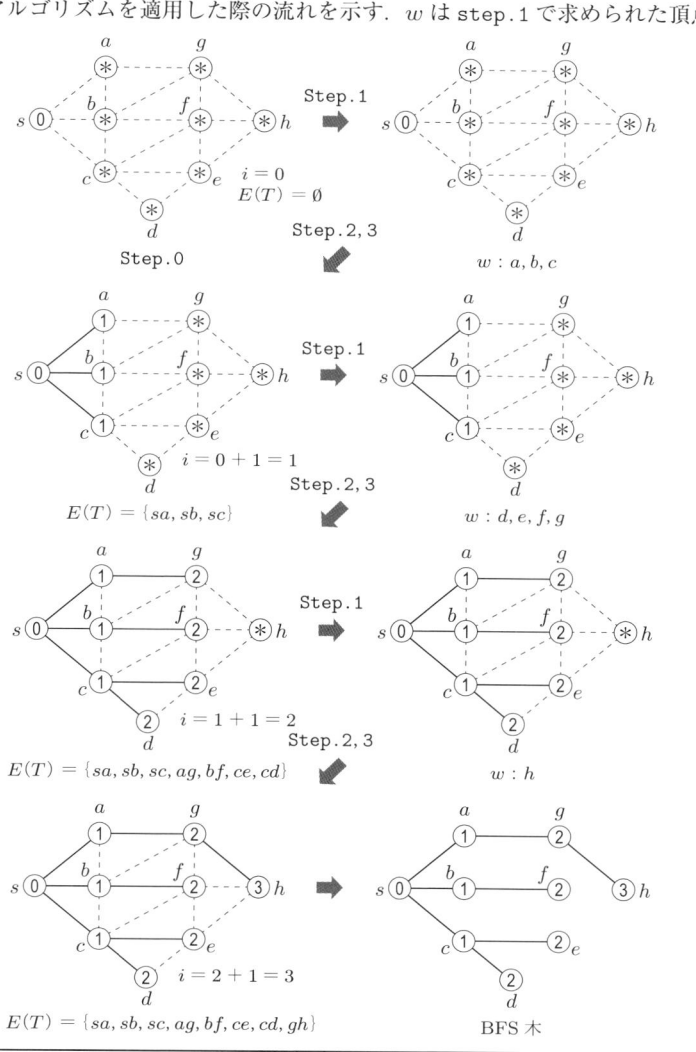

Step.0
$i = 0$
$E(T) = \emptyset$

Step.1 → $w : a, b, c$

Step.2, 3
$i = 0 + 1 = 1$
$E(T) = \{sa, sb, sc\}$

Step.1 → $w : d, e, f, g$

Step.2, 3
$i = 1 + 1 = 2$
$E(T) = \{sa, sb, sc, ag, bf, ce, cd\}$

Step.1 → $w : h$

Step.2, 3
$i = 2 + 1 = 3$
$E(T) = \{sa, sb, sc, ag, bf, ce, cd, gh\}$

BFS 木

頂点 v につけられたラベル $n(v)$ は，頂点 s から頂点 v へのグラフ G における距離となる．BFS アルゴリズムで得られた木（BFS 木）は，辺に探索の方向へ（ラベル $n(v)$ の小さい頂点から大きい頂点へ）と向きをつけると，始点 s を根とする $\Delta(G)$ 分木になる．この s を根とする $\Delta(G)$ 分木を G の **BFS 木** という．

キュー（待ち行列）というデータ構造を利用して step.1 の部分を修正した表現もある．キューは，データを一列に並べたもので，最後尾にデータを追加し，最前列のデータを最初に利用するというデータ構造である．ATM などの利用者の行列を想像すると理解しやすいだろう．

よく利用されるデータ構造としては，キューのほかに**スタック**がある．スタックはデータを一列に並べたもので，最前列にデータを追加し，最前列のデータを最初に利用するというデータ構造である．積み重ねられた用紙を常に上から利用する印刷機における用紙の使用順番を想定すると理解しやすいだろう．スタックとキューについての詳細は [1]，[3]，[6] 等の文献を参照してほしい．

2.4 向き付けと DFS（深さ優先探索）アルゴリズム

自動車の円滑な移動を図るために，道路を一方通行にしたり，また，美術館や博物館で，一方通行の見学経路を設定したりすることがある（図 2.7 参照）．

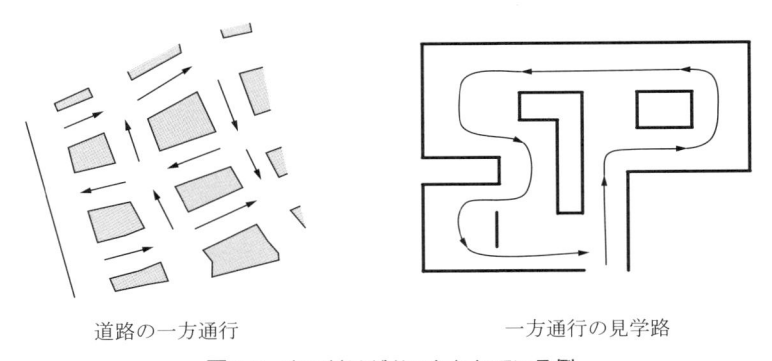

道路の一方通行　　　　　　　　一方通行の見学路

図 2.7　向き付けがおこなわれている例

このような一方通行は，対応するグラフにおいて，道路の対応する辺に向きをつけ，無向グラフを有向グラフに変えることに対応している．

このように，辺に向きをつけることをグラフの向き付けという．向き付けにおいて重要な概念として強連結な向き付けがある．

定義 2.6（向き付け）　有向グラフが**強連結**であるとは，任意の 2 頂点 u, v に対して，

u–v 有向道と v–u 有向道がともに存在することである．無向グラフの各辺に向きをつけ，有向グラフに変換することをグラフの**向き付け**という．向き付けによって得られた有向グラフが強連結であるとき，その向き付けを**強連結な向き付け**という．また，向き付けられた有向グラフに有向閉路が存在しないとき，その向き付けを**非閉路的向き付け**という． □

▷**例 2.5** 図 2.8(a)のグラフ G に対する向き付けについて考える．図(b)の $\vec{G}$ は強連結な向き付けであるが，有向閉路 $aefa$ があるので非閉路的な向き付けではない．図(c)の $\vec{G'}$ は非閉路的な向き付けであるが，頂点 e から頂点 a への有向道がないので強連結な向き付けではない．

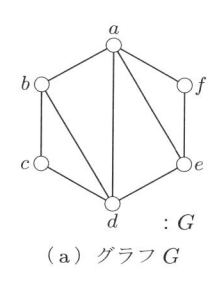

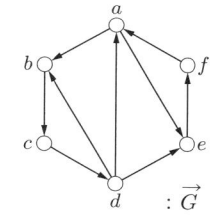

(a) グラフ G　　(b) 強連結な向き付け
（非閉路的な向き付けではない）　　(c) 非閉路的な向き付け
（強連結な向き付けではない）

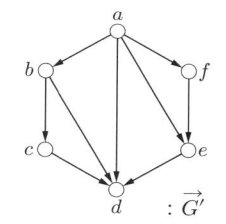

図 2.8　グラフの向き付け

▷**注 2.1** 非閉路的に向き付けられた有向グラフには，入次数 0 の頂点と出次数 0 の頂点が存在する．

すべてのグラフに強連結な向き付けが存在するわけではない．たとえば，木には強連結な向き付けは存在しない．強連結な向き付けをもつグラフの特徴付けとしては，次のようなものがある．

定理 2.4 位数 2 以上のグラフ G に対して，G が強連結な向き付けをもつための必要十分条件は，G が連結で橋を含まないことである．

連結ではないグラフや橋を含むグラフに強連結な向き付けができないことは明らかである．これに対して，定理 2.4 の証明では，連結で橋を含まないグラフ G に強連結な向き付けができることを，次の定理 2.5 の分解を用いて示している．この分解ができることの基礎になっているのは，「橋ではない辺には，その辺を含む閉路が存在する」という性質である．なお，グラフ G, H に対して，$G \cup H$ は，$V(G \cup H) = V(G) \cup V(H)$，$E(G \cup H) = E(G) \cup E(H)$ で定められるグラフである．

定理 2.5（橋を含まない連結グラフの分解）　連結で橋を含まないグラフ G は次のような部分グラフ $G_1, G_2, \ldots, G_r$ へ分解できる．
(1) $V(G) = V(G_1) \cup V(G_2) \cup \cdots \cup V(G_r)$,
$E(G) = E(G_1) \cup E(G_2) \cup \cdots \cup E(G_r)$.
(2) G_1：G の閉路．
(3) G_i $(i = 2, 3, \ldots, r)$ は，$G_1 \cup G_2 \cup \cdots \cup G_{i-1}$ と両端のみを共有する道，あるいは，1 頂点のみを共有する閉路である．

　定理 2.5 の，条件 (1)〜(3) を満たす分解は次のように構成できる．まず，グラフに存在する適当な閉路を G_1 とすることから始める．$G \neq G_1$ のとき，G が連結であることから G_1 の頂点 u を端点とする G_1 に含まれない辺 $e = uv$ が存在する．G が橋を含まないことより辺 $e = uv$ は橋ではない．したがって，G には $e = uv$ を含む閉路 C が存在する（演習問題 1.23 参照）．閉路 C を巡ることにより G_2 を構成する．すなわち，閉路 C を頂点 u から辺 $e = uv$ を通って巡り，最初に出会う C の頂点を w とする．$u \neq w$ ならば，C の中の頂点 u から辺 $e = uv$ を通って w までの部分が，G_1 と両端のみを共有する道であり，$u = w$ ならば，C が G_1 と 1 点 $u = w$ のみを共有する閉路である．以下，この操作を繰り返すことにより，求める分解を得ることができる．

　連結で橋を含まないグラフ G に定理 2.5 の (1)〜(3) の条件を満たす分解をおこなった後に，各 G_i を有向道あるいは有向閉路となるように各辺に向きをつければ，G の強連結な向き付けを得ることができ，定理 2.4 が示される．

▷**例 2.6**　G_1, G_2, G_3, G_4 は，定理 2.5 の (1)〜(3) の条件を満たすグラフ G の分解である．図 2.9 のように G_1, G_2, G_3, G_4 を有向道あるいは有向閉路となるように各辺に向きをつけると，G の強連結な向き付けが得られる．

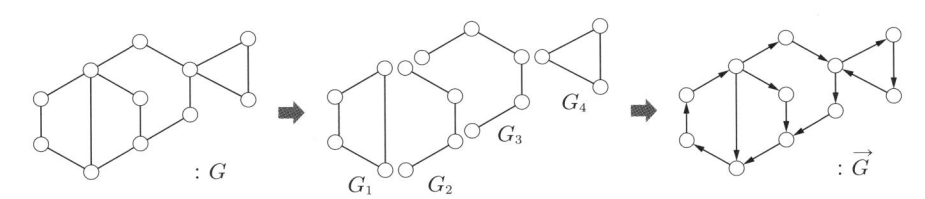

図 2.9　強連結な向き付け

2.4 向き付けと DFS（深さ優先探索）アルゴリズム

例題 2.10（強連結な向き付け）

次のグラフ G を，定理 2.5 の (1)〜(3) の条件を満たすように分解し，強連結に向き付けよ．

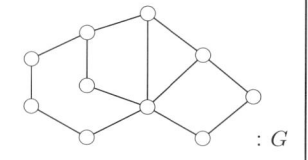

解 G_1 は閉路であり，G_2 は G_1 と両端点のみを共有する道，G_3 は $G_1 \cup G_2$ と両端点のみを共有する道，G_4 は $G_1 \cup G_2 \cup G_3$ と両端点のみを共有する道である．次に G_1 が有向閉路となるように，また，G_2, G_3, G_4 が有向道となるように各辺に向きをつけると，G の強連結な向き付けが得られる．

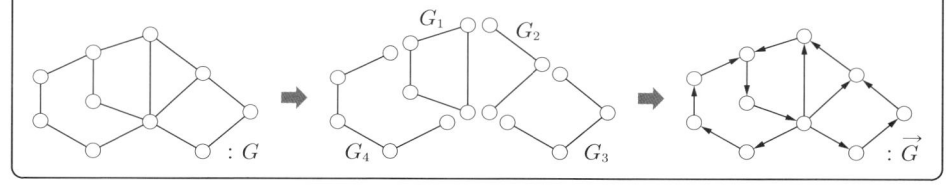

グラフの探索アルゴリズムの一つである次の **DFS**（depth first search, **深さ優先探索**）アルゴリズムを利用することにより，強連結な向き付けを得ることもできる．DFS アルゴリズムでは，DFS 木とよばれる根付き木が形成される．前節で紹介した BFS アルゴリズムが隣接している頂点を広がりながら網羅的に探索していくことに対して，DFS 木では，隣接している頂点の一つを選び，行き着ける限り深く探索することを繰り返している．

アルゴリズム 2.3 深さ優先の探索をする：DFS アルゴリズム

入力：グラフ G と始点 $s \in V(G)$
出力：G の根付き木 T（DFS 木）と各頂点 v のラベル $n(v)$

step.0 G の頂点 v すべてに対して，$n(v) = 0$ とラベルをつける．$V(T) = V(G)$，$E(T) = \emptyset$，$i = 1$ とする．
step.1 $v = s$ とする．
step.2 *procedure* DFS(v) を実行する．
step.3 $n(w) = 0$ となる頂点 w が存在するならば，$v = w$ として step.2 へ．$n(w) = 0$ となる頂点 w が存在しないならば終了．

procedure **DFS(v)**
 (1) $n(v) = i$
 (2) $i = i + 1$

(3) 頂点 v の隣接点 u すべてに対して，以下をおこなう．
　　(3-1) $n(u) = 0$ ならば，$E(T) = E(T) \cup \{e = vu\}$ とし，procedure DFS(u) を実行する．
(4) DFS(v) の終了．

procedure DFS(v) では，v の隣接点にまだ探索していない頂点（$n(u) = 0$ の頂点）があれば，その中の一つを選びそれを探索していくことになる．そして未探索な隣接点がなければ，一つ前の頂点に戻り，未探索な頂点の探索を続けていく．つまり，探索を深く進めていき，探索ができなくなったら，もとの頂点へと戻り未探索点を探すことになる．

DFS アルゴリズムで得られた木（DFS 木）は，辺に探索の方向へ（ラベル $n(v)$ の小さい頂点から大きい頂点へ）と向きをつけると始点 s を根とする根付き木となる．一般に，**DFS 木**とはこの根付き木を指す．

また，非連結グラフに対して DFS アルゴリズムを適用すると，step.2 において procedure DFS(v) が複数回実行されることになる．したがって，step.2 において procedure DFS(v) の実行回数を調べることにより，グラフの連結性の判定ができる．

次のアルゴリズムは，DFS アルゴリズムを利用してグラフに強連結な向き付けをおこなうものである．

アルゴリズム 2.4　強連結向き付けアルゴリズム

入力：連結で橋を含まないグラフ G と始点 $s \in V(G)$
出力：G の強連結な向き付け

step.1　G に対して DFS アルゴリズムを適用し，頂点 v すべてにラベル $n(v)$ をつける．

step.2　辺 $e = uv$ が DFS 木 T の辺であるとき，ラベルの小さい頂点から大きい頂点へと辺に向きをつける．すなわち，$n(u) < n(v)$ とすると辺 uv に $u \to v$ と向きをつける．

step.3　辺 $e = uv$ が DFS 木 T の辺ではないとき，ラベルの大きい頂点から小さい頂点へと辺に向きをつける．すなわち，$n(u) < n(v)$ とすると辺 uv に $u \leftarrow v$ と向きをつける．

例題 2.11 （DFS アルゴリズムを利用した強連結な向き付け）

橋を含まない次の連結グラフ G にアルゴリズム 2.4 を適用し，強連結な向き付けを求めよ．

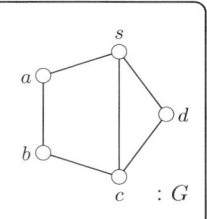

解
step.1　DFS アルゴリズムを適用して DFS 木を求める．
　$n(s) = n(a) = n(b) = n(c) = n(d) = 0$, $V(T) = \{s, a, b, c, d\}$
　$E(T) = \emptyset$, $i = 1$

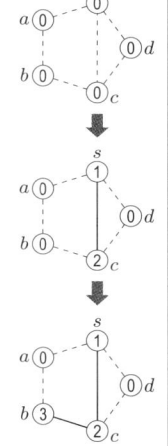

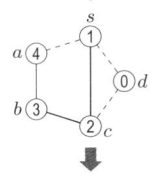

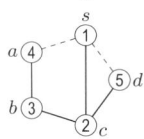

$\quad$ ⌈ DFS(s)
$\quad$ ｜　$n(s) = 1$, $i = 1 + 1 = 2$
$\quad$ ｜　$E(T) = \emptyset \cup \{sc\} = \{sc\}$
$\quad$ ｜　⌈ DFS(c)
$\quad$ ｜　｜　$n(c) = 2$, $i = 2 + 1 = 3$
$\quad$ ｜　｜　$E(T) = \{sc\} \cup \{cb\} = \{sc, cb\}$
$\quad$ ｜　｜　⌈ DFS(b)
$\quad$ ｜　｜　｜　$n(b) = 3$, $i = 3 + 1 = 4$
$\quad$ ｜　｜　｜　$E(T) = \{sc, cb\} \cup \{ba\} = \{sc, cb, ba\}$
$\quad$ ｜　｜　｜　⌈ DFS(a)
$\quad$ ｜　｜　｜　｜　$n(a) = 4$, $i = 4 + 1 = 5$
$\quad$ ｜　｜　｜　⌊ DFS(a) 終了
$\quad$ ｜　｜　⌊ DFS(b) 終了
$\quad$ ｜　｜　$E(T) = \{sc, cb, ba\} \cup \{cd\} = \{sc, cb, ba, cd\}$
$\quad$ ｜　｜　⌈ DFS(d)
$\quad$ ｜　｜　｜　$n(d) = 5$, $i = 5 + 1 = 6$
$\quad$ ｜　｜　⌊ DFS(d) 終了
$\quad$ ｜　⌊ DFS(c) 終了
$\quad$ ⌊ DFS(s) 終了
　終了

step.2　DFS 木の各辺に探索の方向に従って向きをつける．

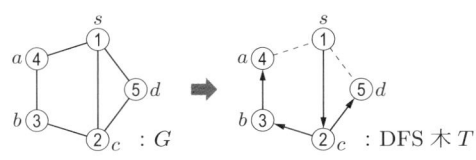

step.3　DFS 木に含まれない辺に向きをつける．

DFSアルゴリズムはグラフの連結性の判定，切断点の判定，また，強連結成分の探索などに利用されている．前節でも触れたスタックを利用することで，DFSアルゴリズムは効率的に実現できる．

2.5 重み最小の経路

カーナビでは現在位置から目的地までの道筋が示されている．その際，目的地までの経路は，移動距離あるいは移動時間が短くなるものが選ばれる．この節では，そのような最短経路（つまり重み最小の経路）の求め方を扱う．

(1) 重み最小の経路を求める（ダイクストラのアルゴリズム）

重み最小の経路を求めるアルゴリズムの一つに，次のダイクストラのアルゴリズムが知られている．ダイクストラのアルゴリズムの基本的なアイデアは次のとおりである．頂点をすでに探索して重み最小の経路が確定した部分と未確定部分に分け，未確定な部分への経路を確定部分との間の辺を利用して改良し，逐次的に重み最小の経路の確定した頂点を一つずつ増していく．次の確定頂点を求めるための指標がラベル $L(\ )$ である．

アルゴリズム 2.5 2頂点間の重み最小の道を求める：ダイクストラのアルゴリズム

入力：重み付きグラフ G および始点 s，終点 t
出力：重み最小の s–t 道とその重み

step.0 $T = V(G)$ とし，s に対して $L(s) = 0$，s 以外の頂点 v に対して $L(v) = \infty$ とラベル $L(\ )$ をつける．
step.1 T に属する頂点で最小のラベル $L(v)$ をもつ頂点 $v \in T$ を見つける．
step.2 step.1で見つけた頂点 v が終点 t ならば，$L(t)$ を出力して終了．終点 t でなければ（$v \neq t$ ならば）step.3へ進む．
step.3 v と T の頂点を結ぶすべての辺 $\{v, u\}$ ($u \in T$) に対して次をおこなう．$L(u) > L(v) + w(\{u, v\})$ ならば，$L(u)$ を $L(v) + w(\{u, v\})$ と置き換える．
step.4 T を $T - \{v\}$ に置き換えて，step.1へ戻る．

2.5 重み最小の経路　51

ダイクストラのアルゴリズム適用後，終点 t につけられているラベル $L(t)$ が重み最小の s–t 道の重みである．また，ラベルの更新時にどの頂点からの辺を利用してラベルを更新したかを記録しておき，終点 t からラベル更新時の頂点を遡っていくことにより，重み最小の s–t 道を得ることができる．

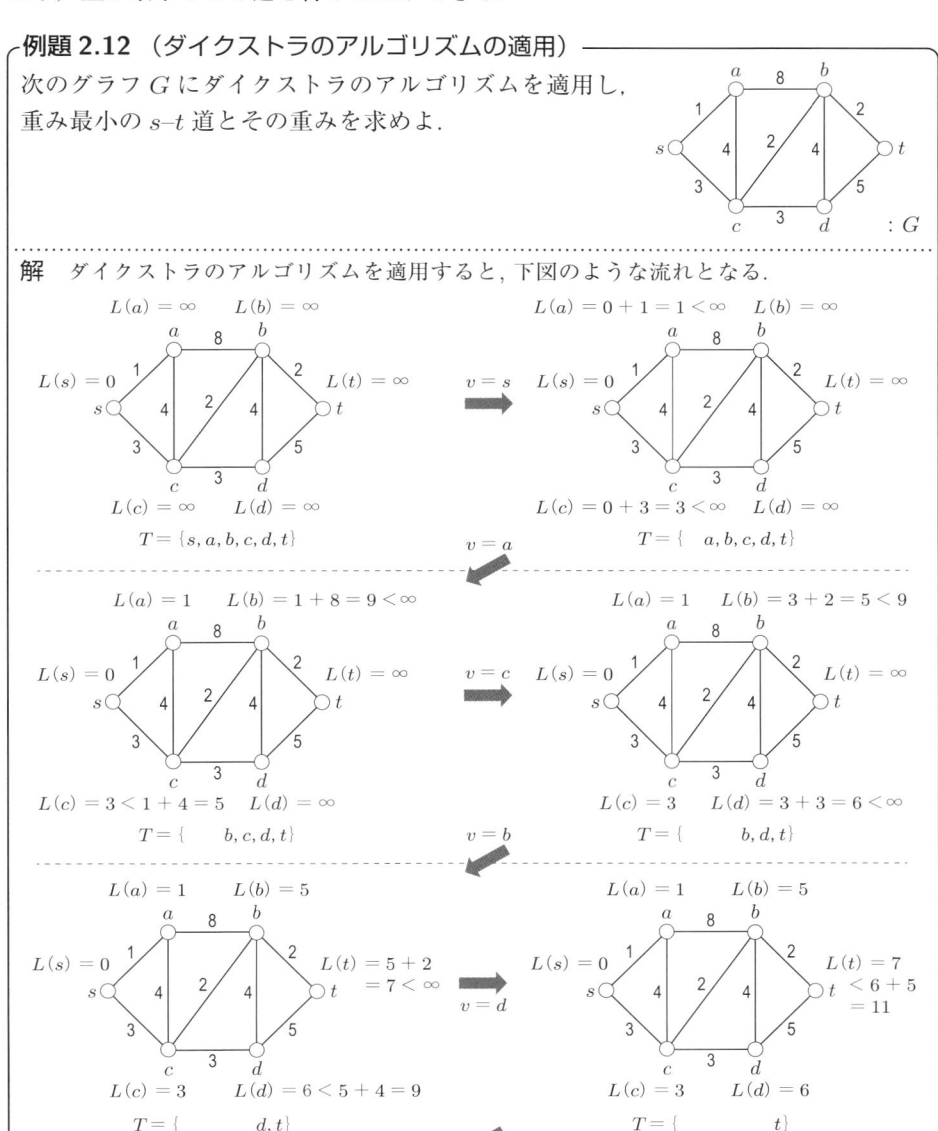

例題 2.12（ダイクストラのアルゴリズムの適用）

次のグラフ G にダイクストラのアルゴリズムを適用し，重み最小の s–t 道とその重みを求めよ．

解 ダイクストラのアルゴリズムを適用すると，下図のような流れとなる．

$v = s$

$L(s) = 0$, $L(a) = 0 + 1 = 1 < \infty$, $L(c) = 0 + 3 = 3 < \infty$
$T = \{a, b, c, d, t\}$

$v = a$

$L(a) = 1$, $L(b) = 1 + 8 = 9 < \infty$, $L(c) = 3 < 1 + 4 = 5$, $L(d) = \infty$
$T = \{b, c, d, t\}$

$v = c$

$L(a) = 1$, $L(b) = 3 + 2 = 5 < 9$, $L(c) = 3$, $L(d) = 3 + 3 = 6 < \infty$
$T = \{b, d, t\}$

$v = b$

$L(a) = 1$, $L(b) = 5$, $L(t) = 5 + 2 = 7 < \infty$, $L(c) = 3$, $L(d) = 6 < 5 + 4 = 9$
$T = \{d, t\}$

$v = d$

$L(a) = 1$, $L(b) = 5$, $L(t) = 7 < 6 + 5 = 11$, $L(c) = 3$, $L(d) = 6$
$T = \{t\}$

$v = t$

終了
最短 s-t 道：$s \to c \to b \to t$，重み 7

重み最小の s–t 道は，

$$L(t) = 7 \text{ が } L(b) + w(bt) = 5 + 2 \text{ であり，}$$
$$L(b) = 5 \text{ が } L(c) + w(cb) = 3 + 2 \text{ であり，}$$
$$L(c) = 3 \text{ が } L(s) + w(sc) = 0 + 3 \text{ であり，}$$
$$L(s) = 0$$

であることより，$s \to c \to b \to t$ であることがわかる．重みは $L(t) = 7$ である．

ダイクストラのアルゴリズムにおけるラベル $L(v)$ には，次のような性質がある．

定理 2.6 重み付きグラフ G に対して，ダイクストラのアルゴリズムが適用され，$T \subseteq V(G)$ と各頂点のラベル $L(v)$ が得られているとする．このとき，以下が成立する．
(1) 頂点 $v \notin T$ に対して，$L(v)$ は重み最小の s–v 道の重みである．
(2) 頂点 $v \in T$ に対して，$L(v)$ は v 以外の頂点が $V(G) - T$ の頂点から構成されている s–v 道の中の重み最小の道の重みである．

この性質により，ダイクストラのアルゴリズムが重み最小の s–t 道とその重みを与えることがわかる．定理 2.6 (2) より，step.2 で終点 t が選ばれたとき，t のラベル $L(t)$ は step.3 の操作をおこなっても変更されない．したがって，定理 2.6 (1) より，終点 t のラベル $L(t)$ が重み最小の s–t 道の重みであることがわかる．

ラベル $L(v)$ は step.3 の操作で変更されているので，変更の履歴を順次遡っていけば重み最小の s–t 道を求めることができる．

定理 2.7 与えられた重み付きグラフ G と始点 s，終点 t に対して，ダイクストラのアルゴリズムは重み最小の s–t 道とその重みを与える．

(2) 重み最小の経路を求める（ワーシャル・フロイドのアルゴリズム）

任意の 2 頂点を始点と終点に選んでダイクストラのアルゴリズムを適用することで，グラフの任意の 2 頂点間の重み最小の経路を求めることができる．一方，次のワーシャルとフロイドによるアルゴリズムは，重み付き有向グラフの任意の 2 頂点間の重み最小の有向経路を求めるものである．

ワーシャル・フロイドのアルゴリズムでは，すべての経路を一斉に改良することで，任意の 2 頂点間の重み最小の経路を網羅的に求めている．そのために，探索の各時点での 2 頂点間の経路の重みを示す行列 L と，経路を示す行列 DP を用意する．ここ

で，行列 DP の (v_i, v_j) 成分 $DP(v_i, v_j)$ は，その時点で求められている v_i–v_j 有向道上の v_j の直前の頂点を示している．このようにすることにより，各経路の改良が全体に反映されるのである．

アルゴリズム 2.6 任意の 2 頂点間の重み最小有向道を求める：ワーシャル・フロイドのアルゴリズム

入力：頂点集合 $\{v_1, v_2, \ldots, v_p\}$ をもつ重み付き有向グラフ D
出力：任意の 2 頂点間の重み最小の有向道とその重み

step.0 すべての頂点 v_i に対して，$L(v_i, v_i) = 0$，$DP(v_i, v_i) = \emptyset$ とする．
 すべての 2 頂点 v_i と v_j $(i \neq j)$ に対して，弧 $v_i \to v_j$ が存在するときは $L(v_i, v_j) = w(v_i \to v_j)$，$DP(v_i, v_j) = v_i$ とし，弧 $v_i \to v_j$ が存在しないときは $L(v_i, v_j) = \infty$，$DP(v_i, v_j) = \emptyset$ とする．
step.1 $k = 1$ から $k = p$ まで，step.2 から step.4 を繰り返す．
step.2 $i = 1$ から $i = p$ まで，step.3 から step.4 を繰り返す．
step.3 $j = 1$ から $j = p$ まで，step.4 を繰り返す．
step.4 $L(v_i, v_j) > L(v_i, v_k) + L(v_k, v_j)$ ならば，$L(v_i, v_j)$ を $L(v_i, v_k) + L(v_k, v_j)$ に置き換え，$DP(v_i, v_j)$ を $DP(v_k, v_j)$ に置き換える．
step.5 $L(v_i, v_j)$ と $DP(v_i, v_j)$ を出力して終了．

ここで，step.4 は $\{v_1, v_2, \ldots, v_{k-1}\}$ の頂点のみを利用した v_i–v_j 有向道の中の重み最小の v_i–v_j 有向道の重み $L(v_i, v_j)$ と，v_k を経由してかつ $\{v_1, v_2, \ldots, v_{k-1}\}$ の頂点のみを利用した v_i–v_j 有向道の中の重み最小の v_i–v_j 有向道の重み $L(v_i, v_k) + L(v_k, v_j)$ とを比較している．したがって，アルゴリズム 2.6 では任意の 2 頂点 v_i, v_j に関してそれらの 2 頂点を結ぶ有向道が経由する頂点を v_1 から v_p まで順次調べているので，最終的に求める出力が得られることになる．

アルゴリズム 2.6 が終了したとき，$DP(v_i, v_j) = v_{k_1}$ は D 上の重み最小の v_i–v_j 有向道上の v_j の直前の頂点が v_{k_1} であることを示している．したがって，$DP(v_i, v_j) = v_{k_1}$ のとき，$DP(v_i, v_{k_1}) = v_{k_2}$ が重み最小の v_i–v_{k_1} 有向道上の v_{k_1} の直前の頂点 v_{k_2} を示しているので，$v_{k_2} \to v_{k_1} \to v_j$ が重み最小の v_i–v_j 有向道上の部分有向道となっていることがわかる．これを繰り返すことで，$DP(v_i, v_{k_\ell}) = v_i$，$DP(v_i, v_{k_{\ell-1}}) = v_{k_\ell}, \ldots, DP(v_i, v_{k_1}) = v_{k_2}$，$DP(v_i, v_j) = v_{k_1}$ のとき，$v_i \to v_{k_\ell} \to v_{k_{\ell-1}} \to \cdots \to v_{k_2} \to v_{k_1} \to v_j$ が重み最小の v_i–v_j 有向道であることがわかる．

例題 2.13 （ワーシャル・フロイドのアルゴリズムの適用）

次の有向グラフ D にワーシャル・フロイドのアルゴリズムを適用して，D の任意の 2 頂点間の重み最小の有向道とその重みを求めよ．

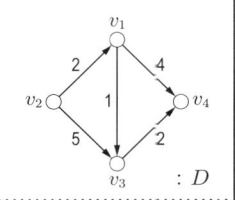

解 ワーシャル・フロイドによる重み最小の有向道とその重みは，途中頂点を示す $DP(v_i, v_j)$ と重みを示す $L(v_i, v_j)$ によって与えられる．$L(v_i, v_j)$ を表にすると，

$$\begin{array}{c} & v_1 & v_2 & v_3 & v_4 \\ v_1 \\ v_2 \\ v_3 \\ v_4 \end{array} \begin{bmatrix} 0 & \infty & 1 & 4 \to 3 \\ 2 & 0 & 5 \to 3 & \infty \to 6 \to 5 \\ \infty & \infty & 0 & 2 \\ \infty & \infty & \infty & 0 \end{bmatrix}$$

である．ここで，$4 \to 3$ は，値が 4 から 3 へと，$5 \to 3$ は，値が 5 から 3 へと，$\infty \to 6 \to 5$ は，値が ∞，6，5 と変化していったことを示している．

$DP(v_i, v_j)$ に関する表は，

$$\begin{array}{c} & v_1 & v_2 & v_3 & v_4 \\ v_1 \\ v_2 \\ v_3 \\ v_4 \end{array} \begin{bmatrix} \emptyset & \emptyset & v_1 & v_1 \to v_3 \\ v_2 & \emptyset & v_2 \to v_1 & \emptyset \to v_1 \to v_3 \\ \emptyset & \emptyset & \emptyset & v_3 \\ \emptyset & \emptyset & \emptyset & \emptyset \end{bmatrix}$$

である．ここで，$v_1 \to v_3$ は，$DP(v_1, v_4)$ の示す頂点が，v_1 から v_3 へと変化したことを示す．同様に $v_2 \to v_1$ は，$DP(v_2, v_3)$ の示す頂点が，v_2 から v_1 へと，$\emptyset \to v_1 \to v_3$ は，$DP(v_2, v_4)$ の示す頂点が，$\emptyset$，v_1，v_3 と変化していったことを示している．

重み付きグラフの辺を対称弧（辺 $\{u, v\}$ を 2 本の弧 $u \to v$ と $v \to u$ に置き換え，置き換えた 2 本の弧（対称弧）に辺 $\{u, v\}$ の重みをつけて有向グラフを作成する．この有向グラフにワーシャル・フロイドのアルゴリズムを適用すれば，無向グラフの任意の 2 頂点間の重み最小の道とその重みを求めることができる．

第 2 章のおわりに

第 2 章では，グラフ理論において重要な構造の一つである木について学んだ．木は単純な構造であるだけに，様々な性質が解明されていて，いろいろな場面に応用されている．生物学における進化系統樹のように，データ間の関係を表現するものとしての利用も，そのような応用の一つである．データを整理格納するほかに，データを可視的にわかりやすく表現できることも木の特性の一つである．データ間の順序関係を視覚的に表現すること

は，全体構造を把握するのに役立つ．木を平面上に適切に表現するためのアルゴリズムの研究も盛んにおこなわれている．

　DFS および BFS などの探索の手法は，人工知能における問題解決に至る手順を求める場合などにも利用されており，現代のコンピュータにおける基本的なアルゴリズムの一つである．

　2.4 節で紹介した強連結の概念は，ウェブサイトのリンク関係で重要な概念となっている．すなわち，キーワード検索などにおける検索ランキングの計算において，強連結の考えは，重要な基礎概念の一つとなっているのである．

　2.5 節で紹介したダイクストラのアルゴリズムは，探索アルゴリズムの基本的なアイデアの一つであり，カーナビ，鉄道の乗り換え検索のシステムなどで直接的に利用されている．

演習問題2

▶ **2.2 木と最小全域木**

2.1 位数6の木で同型でないものをすべて挙げよ．

2.2 次数1の頂点を6個もつ位数7の木を求めよ．

2.3 成分数kの位数pの林のサイズが$p-k$であることを示せ．

2.4 木Tの頂点の次数の平均が $\dfrac{2(|V(T)|-1)}{|V(T)|}$ であることを示せ．

2.5 グラフGの各頂点の次数が2以上のとき，Gに閉路が存在することを示せ．

2.6 次のグラフGの全域木で辺e_3を含むものを一つ挙げよ．

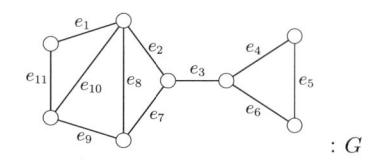

2.7 次のグラフGの重さと部分グラフHの重さを求めよ．

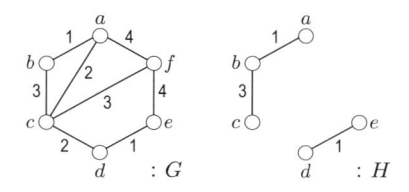

2.8 次のグラフGの5本のa–d道の重みを求めよ．

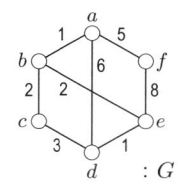

2.9 辺eをグラフGの橋とする．橋eがGの全域木すべてに含まれることを示せ．

2.10 次のグラフGにクルスカルのアルゴリズムを適用して最小全域木を求めよ．

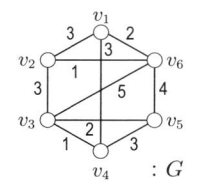

2.11 次のグラフ G にクルスカルのアルゴリズムを適用して最小全域木を求めよ．

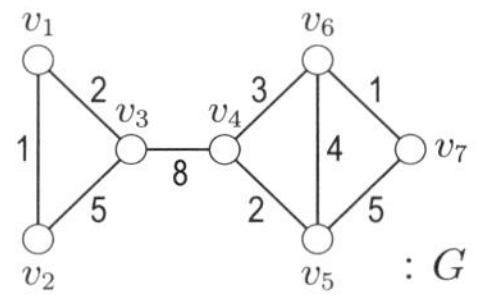

2.12 次のグラフ G にクルスカルのアルゴリズムを適用して最小全域木を求めよ．

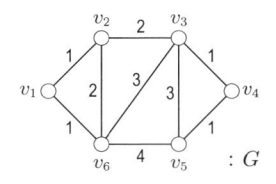

2.3 根付き木と BFS（幅優先探索）アルゴリズム

2.13 (1) 次の r を根とする根付き木の葉，内点をすべて挙げよ．

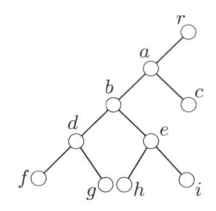

(2) (1) の r を根とする根付き木において頂点 b の子，きょうだい，親，先祖，子孫を求めよ．

(3) (1) の r を根とする根付き木において頂点 d の深さを求めよ．また，深さ 4 の頂点をすべて求めよ．

(4) (1) の r を根とする根付き木の高さを求めよ．

2.14 位数 9，葉数 5 の正則 2 分木を一つ挙げよ．

2.15 高さ 2 の正則 3 分木で位数最大のものを求めよ．

2.16 葉の深さがすべて同じ正則 m 分木を**完全正則 m 分木**とよぶ．深さ 3 の完全正則 2 分木を描け．

2.17 深さ d の完全正則 m 分木の葉の個数を求めよ．

2.18 次のグラフ G に，頂点 r を始点として BFS アルゴリズムを適用して，BFS 木および r から各頂点への距離を求めよ．

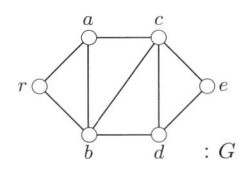

2.19 次のグラフ G に，頂点 r を始点として BFS アルゴリズムを適用して，BFS 木および r から各頂点への距離を求めよ．

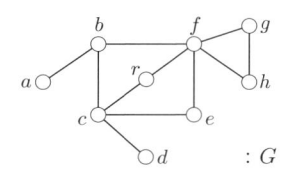

: G

2.4 向き付けと DFS（深さ優先探索）アルゴリズム

2.20 次のダイグラフのうち強連結なものをすべて挙げよ．

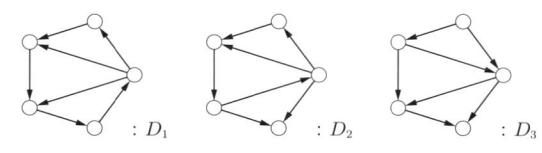

: D_1　　: D_2　　: D_3

2.21 (1) 次のグラフ G と H を強連結に向き付けよ．

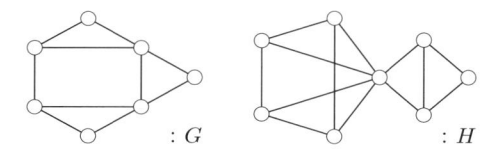

: G　　: H

(2) (1) のグラフ G, H を非閉路的に向き付けよ．

2.22 グラフ G に橋が存在するとき，強連結に向き付けることができないことを示せ．

2.23 (1) 次のグラフ G, H を定理 2.5（橋を含まない連結グラフの分解）の条件 (1)–(3) を満たすように分解し，強連結に向き付けよ．

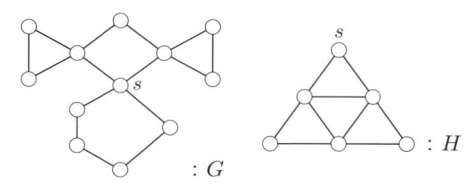

: G　　: H

(2) (1) のグラフ G, H を DFS アルゴリズムを利用して強連結に向き付けよ．ただし，s を始点とせよ．

2.24 完全グラフの辺すべてを向き付けることによって得られるダイグラフを**トーナメント**とよぶ．位数 5 の強連結なトーナメントを求めよ．

2.25 位数 6 の強連結トーナメントを求めよ．このトーナメントにはすべての頂点を含む有向閉路が存在するか．

2.26 非閉路的に向き付けられた位数 6 のトーナメントの各頂点の入次数と出次数を求めよ．

2.27 非閉路的トーナメントの頂点の入次数がすべて異なることを示せ．

▶ 2.5 重み最小の経路

2.28 次のグラフ G にダイクストラのアルゴリズムを適用して重み最小の s–t 道を求めよ．

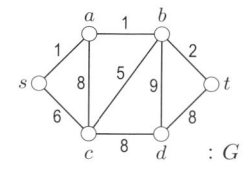

```
       a ―1― b
      /|\   /|
     1 | \5/ |2
    /  8  X  |
   s   | /9\ t
    \  |/   |
     6 |    8
      \|    |
       c ―8― d     : G
```

2.29 次のグラフ H にダイクストラのアルゴリズムを適用して重み最小の s–t 道を求めよ．

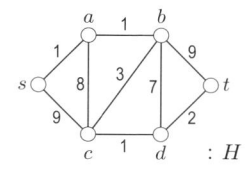

```
       a ―1― b
      /|\   /|
     1 | \3/ |9
    /  8  X  |
   s   | /7\ t
    \  |/   |
     9 |    2
      \|    |
       c ―1― d     : H
```

2.30 次の有向グラフ D_1 にワーシャル・フロイドのアルゴリズムを適用して重み最小の有向道を求めよ．

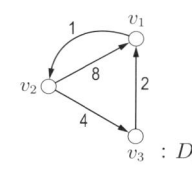

D_1

2.31 次の有向グラフ D_2 にワーシャル・フロイドのアルゴリズムを適用して重み最小の有向道を求めよ．

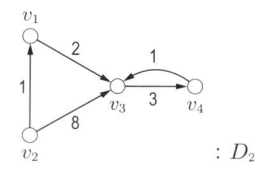

D_2

第3章 周遊性

ケーニヒスベルクの七つ橋の橋渡り問題は，グラフ理論の発端となった問題といわれている．この問題のように，すべての辺や頂点を巡る経路についてのグラフの性質（周遊性）は，グラフ理論のなかで重要なテーマとして研究されてきた．

本章では，オイラーグラフとハミルトングラフなどの，周遊性の基礎を学び，周遊性に関する問題を解くためのいくつかのアルゴリズムを紹介する．

3.1 オイラーグラフとハミルトングラフについて

　道路清掃や除雪においては，清掃車や除雪車が担当区域の街路をすべて最低1回は通過するルートが求められるが，最もよいのは，すべての街路を清掃や除雪のためのみにちょうど1回通るルートである．そのようなルートは常に存在するのだろうか．存在しないときには，重複部分をなるべく少なくするためにはどうしたらよいのだろうか．除雪車がすべての道を通る回数が1回で済むような，すべての辺に対する周遊性をもつグラフがオイラーグラフである．また，除雪車の最短経路を求める問題，つまり，重みつきグラフでの最短周遊経路を求める問題は，郵便配達員問題とよばれる．

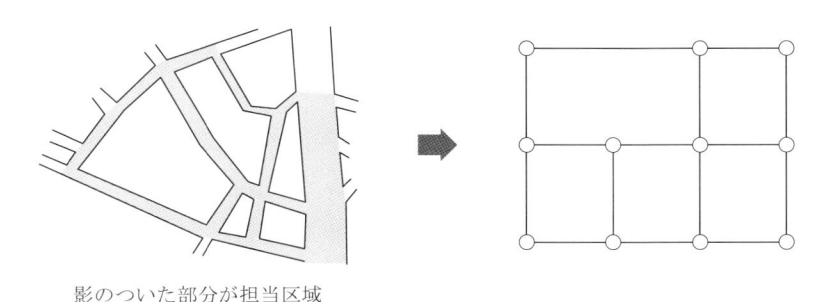

影のついた部分が担当区域

図 3.1　担当区域のグラフ化

　これに対して，すべての頂点を巡る経路を求める必要があることもある．たとえば，ゴミ回収車は清掃工場を出発して，ゴミ置き場を巡回しゴミを回収していく．各ゴミ置き場をちょうど一回おとずれてゴミを回収し，出発点の焼却場へ戻るルートで，全体の距離あるいは移動時間が最も短いものが望ましい（図3.2）．また，自動機械を利用して溶接などをしていくとき，機械のアームが必要な個所をおとずれ，全体を一周する経路を求めるのも，同種の問題である．

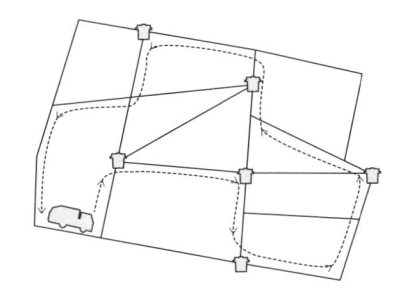

図 3.2　ゴミ回収車のルートの設定

このようなすべての頂点に対する周遊性をもつグラフがハミルトングラフである．ハミルトングラフの場合，オイラーグラフの場合と異なり，通過しない辺があってもよいことに注意してほしい．

オイラーグラフとハミルトングラフの問題はともに，グラフ理論における基本的な分野を形成している．これから見ていくように，オイラーグラフには簡明な判定条件が知られているが，ハミルトングラフに関してはそのような簡明な判定条件はいまだ知られていない．

3.2 オイラーグラフと郵便配達員問題

まず，オイラーグラフを定義し，その判定条件について述べる．また，その応用問題である郵便配達員問題を紹介する．

(1) オイラーグラフ

定義 3.1（オイラーグラフ）　グラフのすべての辺を含む回路を**オイラー回路**，すべての辺を含む小道を**オイラー小道**という．オイラー回路を含むグラフを**オイラーグラフ**という．　□

▷**例 3.1**　図 3.3 のグラフのうち，G はオイラー回路を含むグラフ（オイラーグラフ）

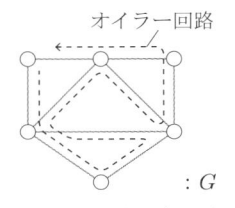

(a) オイラー回路を含むグラフ（オイラーグラフ）G
(b) オイラー小道を含むグラフ H
(c) オイラー回路もオイラー小道も含まないグラフ I

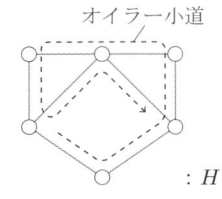

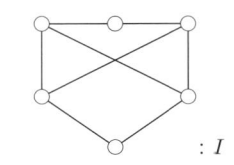

図 3.3　オイラー回路，オイラー小道

である．H はオイラー小道を含むグラフであり，I はオイラー回路もオイラー小道も含まないグラフである．

次のオイラーグラフの判定条件は，オイラー自身によって与えられた．

定理 3.1 位数 2 以上の連結グラフ G に対して，次の各命題は同値である．
(1) G はオイラーグラフである．
(2) G の各頂点が偶点である．

例題 3.1 オイラーグラフの判定

次のグラフがオイラーグラフであるか判定せよ．

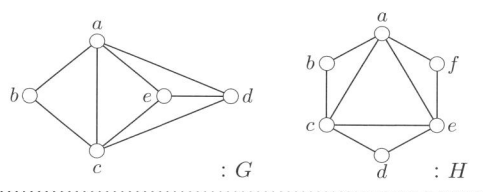

解 G には奇点が 2 個（頂点 e と d）あるので，定理 3.1 よりオイラーグラフではない．一方，H はすべての頂点が偶点であるのでオイラーグラフである（オイラー回路は図のとおり）．

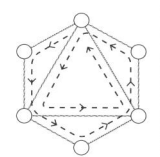

定理 3.1 を利用すると，次のような閉じていないオイラー小道を含むグラフの判定条件が得られる．

系 3.1 位数 2 以上の連結グラフ G に閉じていないオイラー小道が存在するための必要十分条件は，G に奇点がちょうど 2 個存在することである．

証明 G に頂点 u, v ($u \neq v$) を始点と終点とする閉じていないオイラー小道 W が存在したとする．W が各頂点を通過するとき，頂点に接続している辺のうちそれまでに通過していない 2 辺を通ることになる．このことより，始点と終点以外の頂点の次数は，「通過回数 $\times 2$」となり，始点と終点の次数が「通過回数 $\times 2 + 1$」となることがわかる．したがって，始点と終点の 2 点のみが奇点であり，他の頂点が偶点である．

逆に，頂点 u, v のみが G の奇点であるとする．u と v を辺で結ぶと u, v の次数が一つずつ増えるので，u, v は偶点となり，オイラーグラフ $G + uv$（G に辺 uv を加えたグラフ）が得られる．$G + uv$ にはオイラー回路 $W : uvv_1 \ldots v_{p-2}u$ が存在する（p は G の位数）．W の中の $vv_1 \ldots v_{p-2}u$ の部分は，G の閉じていないオイラー小道である． □

定義 3.2（オイラー有向グラフ） 有向グラフのすべての弧を含む有向回路を**オイラー有向回路**とよび，オイラー有向回路を含む有向グラフを**オイラー有向グラフ**という．□

▷**例 3.2** 図 3.4 の有向グラフのうち，D はオイラー有向回路を含む有向グラフ（オイラー有向グラフ）である．H はオイラー有向回路を含まないグラフである．

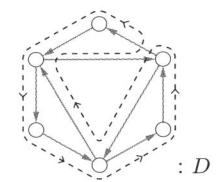

（a）オイラー有向グラフ　　（b）オイラー有向回路を含まないグラフ

図 3.4　オイラー有向グラフ，オイラー有向回路

オイラー有向グラフの判定条件としては，次のようなものがある．

定理 3.2 位数 2 以上の連結な有向グラフ D が，オイラー有向グラフであるための必要十分条件は，D の各頂点 v において，
$$\mathrm{id}_D(v) = \mathrm{od}_D(v)$$
が成立することである．

例題 3.2（オイラー有向グラフの判定）
次の有向グラフがオイラー有向グラフであるか判定せよ．

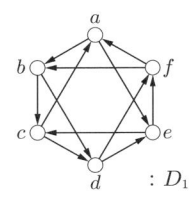

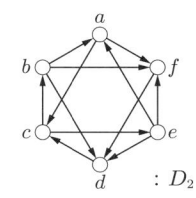

解 D_1 はすべての頂点で入次数と出次数が等しいので，定理 3.2 より，オイラー有向グラフであり，$abcaecdfbdefa$ が D_1 のオイラー有向回路である．

D_2 は $\mathrm{od}_{D_2}(b) = 3 \neq 1 = \mathrm{id}_{D_2}(b)$ であるので，オイラー有向グラフではない．

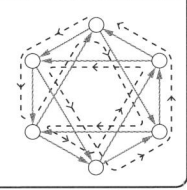

定理 3.1 等を利用すると，グラフがオイラーグラフであるかどうかの判定をおこなうことができる．しかし，応用上必要なのは，グラフを周遊する道筋，すなわち，オ

3.2 オイラーグラフと郵便配達員問題

イラー回路を得ることである．次のアルゴリズムは，オイラー回路を構成するものである．

アルゴリズム 3.1 オイラー回路を求める：フラーリのアルゴリズム

入力：各頂点の次数がすべて偶数の連結多重グラフ G
出力：G のオイラー回路

step.0 任意の頂点 $v_1 \in V(G)$ を始点として選び，$W_1 = v_1$，$i = 1$ とする．
step.1 $W_i = v_1 e_1 \ldots e_{i-1} v_i$ に対して，$e_1, e_2, \ldots, e_{i-1}$ 以外の辺の中から次の条件のもとで辺 e_i を選ぶ．
  (i) e_i は v_i に接続している．
  (ii) e_i はほかに選択すべき辺がないときを除いて $G - \{e_1, e_2, \ldots, e_{i-1}\}$ の橋ではない．
step.2 $W_{i+1} = v_1 e_1 \ldots e_{i-1} v_i e_i v_{i+1}$ とする．ただし，$e_i = v_i v_{i+1}$ である．
step.3 $i = |E(G)|$ ならば終了．$i \neq |E(G)|$ ならば $i = i + 1$ とし，step.1 へ戻る．

例題 3.3（フラーリのアルゴリズムの適用）

次数がすべて偶数である次の連結グラフ G に，フラーリのアルゴリズムを適用せよ．

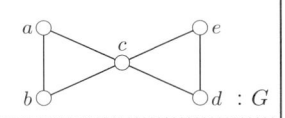

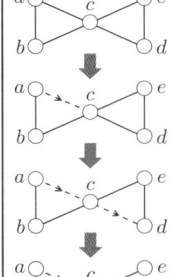

解

$v_1 = a$，$W_1 = a$，$i = 1$ とする．
$e_1 = ac$ とする（e_1 としては ab でもよい）．
$W_2 = ac$，$i = 1 + 1 = 2$（$v_2 = c$）step.1 へ．
$e_2 = cd$ とする（e_2 としては ce でもよいが，cb は $G - \{ac\}$ の橋であるので選択できない）．
$W_3 = acd$，$i = 2 + 1 = 3$（$v_3 = d$）step.1 へ．
$e_3 = de$ とする（e_3 としては de のみが選択対象）．
$W_4 = acde$，$i = 3 + 1 = 4$（$v_4 = e$）step.1 へ．
$e_4 = ec$ とする（e_4 としては ec のみが選択対象）．
$W_5 = acdec$，$i = 4 + 1 = 5$（$v_5 = c$）step.1 へ．

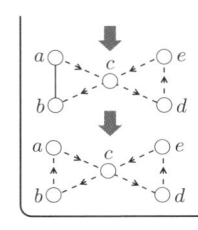

$e_5 = cb$ とする（e_5 としては cb のみが選択対象）．
$W_6 = acdecb$, $i = 5 + 1 = 6$（$v_6 = b$）step.1 へ．

$e_6 = ba$ とする（e_6 としては ba のみが選択対象）．
$W_7 = acdecba$, 終了．

オイラー回路を求めるアルゴリズムとしては，グラフを閉路に分割してそれらを結合していく方法も知られている．

(2) 郵便配達員問題

オイラー回路に関係した応用としては，次の郵便配達員問題がある．

郵便配達員問題（中国人郵便配達員問題[1])
重み付きグラフ G において，G のすべての辺を少なくとも1回は通る閉じた歩道で最も重みの小さいもの（郵便配達員閉歩道，postperson's walk）を求めよ．

街の道路網をモデル化したグラフにおいて，辺の重みを交差点間の距離や移動時間とすると，郵便配達員問題は清掃車や除雪車の最短移動経路を求める問題にも適用できる．郵便配達員閉歩道を求めることは，重複して通る部分の重みが最小であるものを求めることである．したがって，次のようなことがわかる．

(1) 頂点の次数がすべて偶数である連結グラフ G のオイラー回路 W は，各辺をちょうど1回含む回路であるので郵便配達員閉歩道であり，その重みは $w(G)$ である．W は，フラーリのアルゴリズムを用いれば求めることができる．

(2) 奇点がちょうど2個存在する連結グラフ G の郵便配達員閉歩道は，G の閉じていないオイラー小道 W（W は G の2個の奇点 u, v を始点と終点にしている）に G の2個の奇点 u, v を結ぶ重み最小の u–v 道 P を加えることにより得られる．
　　奇点 u から他の奇点 v への閉じていないオイラー小道 W には，G のすべての辺がちょうど1回含まれている．W で G のすべての辺を巡った後，v から u へ戻る部分が重複部分である．この重複部分の重みを最小にすれば，求める郵便配達員閉歩道が得られることになる．したがって，W に重み最小の v–u 道 P を加えたものが郵便配達員閉歩道であり，その重みは $w(G) + w(P)$ である．重み最小の v–u 道 P は，2.5節で扱ったダイクストラのアルゴリズムを用いれば求める

---
[1] この問題の名称は中国人の数学者，グアン・メイグン（管梅谷）によって考案されたことによる．

ことができる．

また，P に含まれる G の辺を2重化すると，u, v 以外の P 上の頂点は次数が2増え，u, v は次数が1増える．したがって，P に含まれる G の辺を2重化して得られるグラフは各頂点の次数が偶数であるので，オイラーグラフとなり，フラーリのアルゴリズムを利用して郵便配達員閉歩道を得ることができる．

例題 3.4（郵便配達員問題を解く）

次のグラフ G, H の郵便配達員閉歩道を求めよ．

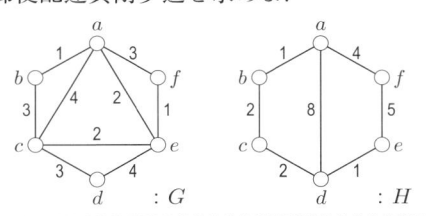

解 グラフ G について：G はオイラーグラフであるので，オイラー回路が求める郵便配達員閉歩道である．フラーリのアルゴリズムを利用すると次のような郵便配達員閉歩道が得られる．

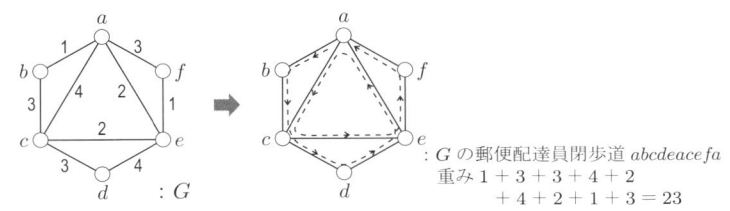

: G の郵便配達員閉歩道 $abcdeacfa$
重み $1 + 3 + 3 + 4 + 2$
$+ 4 + 2 + 1 + 3 = 23$

グラフ H について：H には奇点がちょうど2個 (a, d) あるので，頂点 a から頂点 d へのオイラー小道に重み最小の d–a 道を加えると郵便配達員閉歩道が得られる．ダイクストラのアルゴリズムなどを利用すると，重み最小の d–a 道 $dcba$ が得られる．d–a 道 $dcba$ の辺 dc, cb, ba を2重化するとオイラーグラフとなる．このオイラーグラフのオイラー回路が求める郵便配達員閉歩道であり，次の図のような経路である．

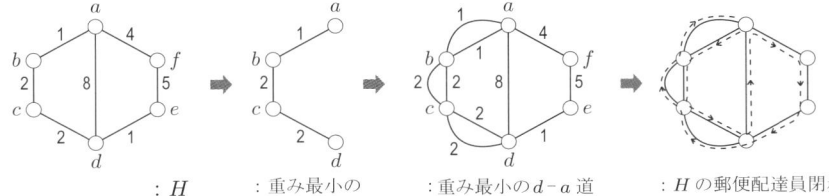

: H の郵便配達員閉歩道
重み $1 + 2 + 2 + 8 + 4 + 5$
$+ 1 + 2 + 2 + 1 = 28$

郵便配達員閉歩道において重複する辺が現れるのは，奇点から奇点への移動のためである．奇点が4個以上あるグラフに関しては，移動する奇点の組合せを全体としての移動が最小になるように選ぶことが必要になる．そのような組合せは第5章で扱うマッチングの概念を利用すると求めることができる．

清掃車などの問題では，同じ道路を重複して通るとき，2回目以降は清掃などはおこなわず，単なる移動となる．したがって，実際の場では仕事のための時間と単なる移動時間との区別をするなどの配慮も必要になる．

3.3 ハミルトングラフと巡回セールスマン問題

ハミルトングラフはアイルランドの数学者W.ハミルトンが考案した各都市を1回ずつ巡って出発地に戻ってくるという世界一周パズルに由来するもので，グラフのすべての頂点を巡る性質を扱うものである．また，その応用問題として巡回セールスマン問題がある．

(1) ハミルトングラフ

定義 3.3（ハミルトングラフ） グラフのすべての頂点を含む閉路を**ハミルトン閉路**，すべての頂点を含む道を**ハミルトン道**という．ハミルトン閉路を含むグラフを**ハミルトングラフ**という． □

▷**例 3.3** 図3.5のグラフのうち，G はハミルトン閉路 $(abcdefa)$ を含むグラフ（ハミルトングラフ）である．H は頂点 d を2回以上通過しないとすべての頂点を巡ることができないので，ハミルトン閉路を含まないグラフであるが，ハミルトン道 $(abcdef)$ を含むグラフである．I は頂点 d を3回以上通過しないとすべての頂点を巡ることができないので，ハミルトン閉路もハミルトン道も含まないグラフである．

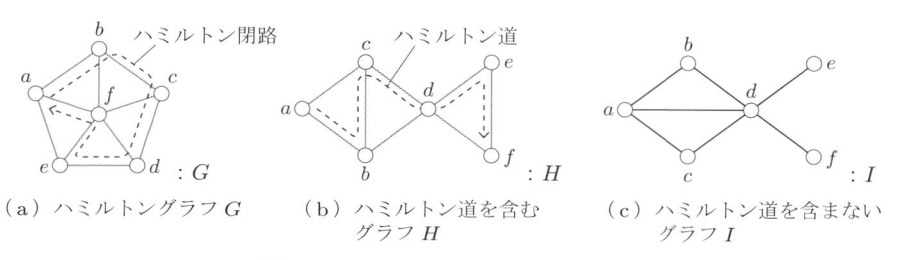

（a）ハミルトングラフ G　　（b）ハミルトン道を含むグラフ H　　（c）ハミルトン道を含まないグラフ I

図3.5　ハミルトン閉路，ハミルトン道

3.3 ハミルトングラフと巡回セールスマン問題

例題 3.5（ハミルトングラフの判定）

次のグラフがハミルトングラフであるか判定せよ．

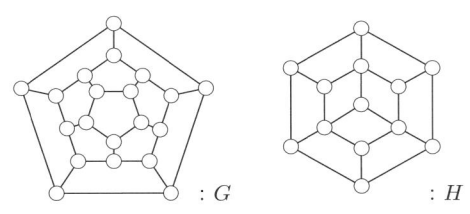

$:G$ $:H$

解 G は，下図のようなハミルトン閉路があるので，ハミルトングラフである．H がハミルトングラフであるかについて考える．このとき，図のように頂点に番号をつけると同じ番号の頂点が隣接していないので，H にハミルトン閉路が存在するならば，1 の番号のついた頂点と 2 の番号のついた頂点が交互に現れることになる．したがって，H にハミルトン閉路が存在するならば，1 の番号のついた頂点と 2 の番号のついた頂点の個数が等しくなければならない．いま，1 の番号のついた頂点の数は 7 であり，2 の番号のついた頂点は 6 であるので，H にハミルトン閉路が存在しないことがわかる．

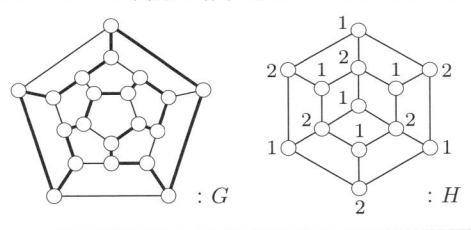

$:G$ $:H$

ハミルトングラフに関する性質としては次のようなものが知られている．なお，集合 B に対して，A が B の部分集合で $A \neq B$ のとき，A を B の真部分集合という．

定理 3.3 グラフ G がハミルトングラフならば，$V(G)$ の空ではない任意の真部分集合 S（$S \neq \phi$, $S \neq V(G)$ で $S \subseteq V(G)$）に対して，次が成立する．

$$k(G - S) \leq |S|$$

証明 C を G のハミルトン閉路とすると，$C - S$ は C から $|S|$ 個の頂点を除いたグラフである．ハミルトン閉路 C から一つの頂点を減らすごとに，$C - S$ の成分数は高々 1 増える（S には隣接する頂点が存在する可能性もあるため，増えないこともある）．したがって

$$k(C - S) \leq |S|$$

が成立する．$C - S$ が $G - S$ の全域部分グラフであるので，$C - S$ の異なる成分の頂点を結ぶ辺が $G - S$ に存在する可能性がある．したがって，$G - S$ の成分数は $C - S$ の成分数以下である．ゆえに

$$k(G - S) \leq k(C - S)$$

が成立する．よって，これらを合わせると

$$k(G-S) \leq |S|$$

となる． □

▷**例 3.4** 図 3.6 のグラフ G は $S = \{a, c, f, i\}$ とすると $|S| = 4$, $k(G-S) = 5$ となり，G がハミルトングラフではないことが定理 3.3 よりわかる．また，グラフ H は $S = \{b, g\}$ とすると，$|S| = 2$, $k(H-S) = 3$ となり，H がハミルトングラフではないことが定理 3.3 よりわかる．

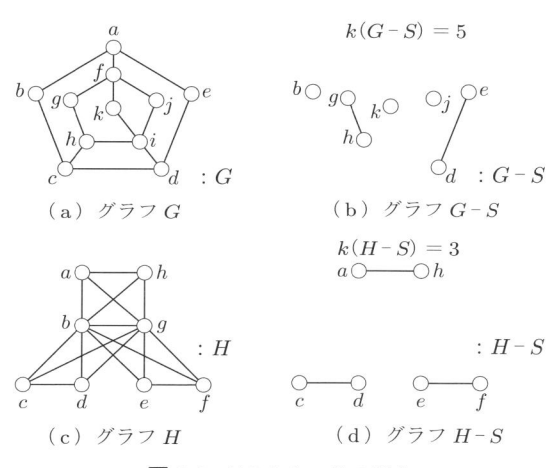

図 3.6 ハミルトン性の判定

例題 3.6（2 部グラフのハミルトン性）

$|V_1| \neq |V_2|$ なる部集合 V_1, V_2 をもつ 2 部グラフ G が，ハミルトングラフではないことを示せ．

解 $|V_1| > |V_2|$ とする．$G - V_2$ は $|V_1|$ 個の孤立点だけからなるグラフである．したがって，$k(G - V_2) = |V_1|$ となり，$k(G - V_2) = |V_1| > |V_2|$ であるので，定理 3.3 より，G はハミルトングラフではない．

定理 3.3 の逆は一般には成立しない．たとえば，次のような例がある．

▷**例 3.5** 図 3.7 のグラフ G は定理 3.3 の条件を満たす非ハミルトングラフであり，考案したデンマークの数学者の名前から，ペテルセングラフとよばれている．

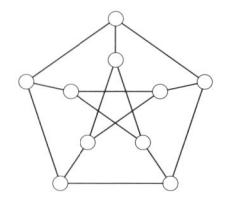

図 3.7　ペテルセングラフ

一方，次の定理は，ハミルトングラフであるための十分条件を与えている．

定理 3.4（オーレ） 位数 $p \geq 3$ のグラフ G の任意の非隣接な 2 頂点 u, v に対して
$$d_G(u) + d_G(v) \geq p$$
が成立するならば，グラフ G はハミルトングラフである．

定理 3.5（ディラック） 位数 $p \geq 3$ のグラフ G のすべての頂点 v に対して
$$d_G(u) \geq \frac{p}{2}$$
が成立するならば，グラフ G はハミルトングラフである．

定理 3.5 は，定理 3.4 を利用すると，次のように証明できる．

定理 3.5 の証明　u, v を G の非隣接点とすると，仮定より，
$$d_G(u) + d_G(v) \geq \frac{p}{2} + \frac{p}{2} = p$$
が成立する．定理 3.4 より，グラフ G はハミルトングラフである． □

定理 3.4 も定理 3.5 も，辺が十分に多ければ，グラフはハミルトングラフになるということを意味している．しかしながら，どちらの定理も逆は一般には成立していない．

ハミルトングラフに関しては，オイラーグラフのような簡明な判定条件（必要十分条件）は，いまだ見つかっていない．

例題 3.7（オーレの定理とディラックの定理の逆について）

定理 3.4 の条件を満たさないハミルトングラフを求めよ．また，定理 3.5 の条件を満たさないハミルトングラフを求めよ．

解　C_6 は，各頂点の次数が 2 で，位数が 6 のグラフであるが，ハミルトングラフである．したがって，C_6 は，定理 3.4 の条件も定理 3.5 の条件も満たさないハミルトングラフである．

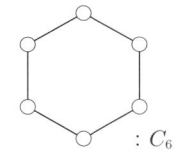

: C_6

(2) 巡回セールスマン問題

ハミルトン閉路に関係した応用としては，次の巡回セールスマン問題が知られている．

巡回セールスマン問題
　重み付きグラフ G において，G のすべて頂点をちょうど1回通る閉路の中で最も重みの小さいものを求めよ．

巡回セールスマン問題は，地図をモデル化したグラフにおいて，重みを2都市間の移動距離や移動時間とすると，すべての都市を巡る最短距離（時間）の経路を求める問題に相当する．ハミルトン閉路の存在の判定に関してよい条件がいまだ見つかっていないのと同様に，巡回セールスマン問題に対しても，対象のグラフが（ハミルトン閉路の存在している）完全グラフの場合においてすら，最適解を求める効率のよいアルゴリズムがいまだ見つかっていない．

次のアルゴリズムは，おのおののステップで重み最小の辺を選択してハミルトン閉路を構成する，素朴なアルゴリズムである．ここで，アルゴリズムで選択していく頂点を順次 $v_1, v_2, \ldots$ で表し，頂点 v_i が選ばれた時点で求められている経路を W_i で表している．

アルゴリズム 3.2　巡回セールスマン問題の実行可能解を求める

入力：辺に重みのついた完全グラフ K_n と始点 s
出力：ハミルトン閉路 C

step.0　$i = 1$, $v_1 = s$, $W_1 = v_1$ とする．
step.1　$i = n$ ならば，$C = W_{i+1}$ として終了．
step.2　$V(G) - \{v_1, v_2, \ldots, v_i\}$ の頂点 u の中で $w(\{v_i, u\})$ が最小のものを v_{i+1} として選び，W_i の最後に v_{i+1} を加え，W_{i+1} とする．
step.3　$i = i + 1$ とする．
step.4　$i = n$ ならば，W_i の最後に v_1 を加え，W_{i+1} とし，step.1 へ戻る．$i \neq n$ ならば，step.2 へ戻る．

例題 3.8（巡回セールスマン問題の実行可能解を求める）
次の重み付き完全グラフ G にアルゴリズム 3.2 を適用せよ．ただし，s を始点とする．

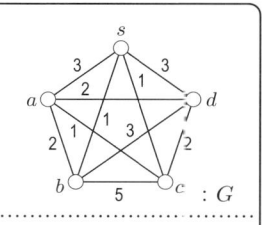

解

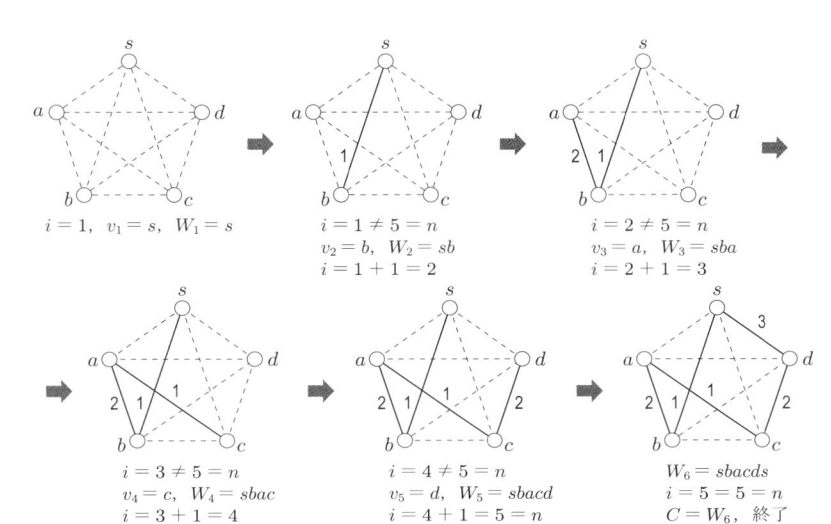

$i=1$, $v_1=s$, $W_1=s$

$i=1\neq 5=n$
$v_2=b$, $W_2=sb$
$i=1+1=2$

$i=2\neq 5=n$
$v_3=a$, $W_3=sba$
$i=2+1=3$

$i=3\neq 5=n$
$v_4=c$, $W_4=sbac$
$i=3+1=4$

$i=4\neq 5=n$
$v_5=d$, $W_5=sbacd$
$i=4+1=5=n$

$W_6=sbacds$
$i=5=5=n$
$C=W_6$, 終了

C の重み：$w(C)=1+2+1+2+3=9$
G の重み最小のハミルトン閉路は $sbdacs$ で重みは 8 であるので，このアルゴリズムでは G に関する最適解が得られていない．

例題 3.9（巡回セールスマン問題の実行可能解を求める）

次の重み付き完全グラフ H にアルゴリズム 3.2 を適用せよ．

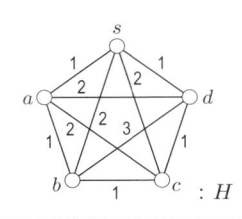

$:H$

解

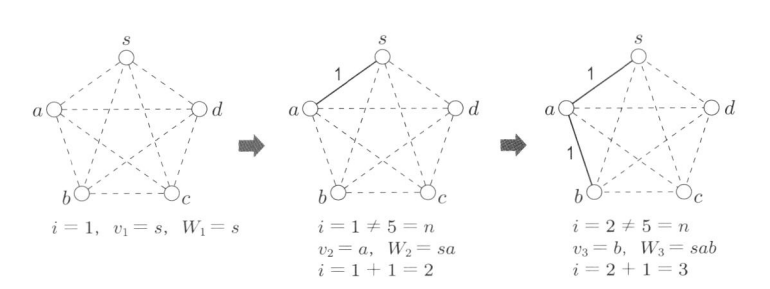

$i=1$, $v_1=s$, $W_1=s$

$i=1\neq 5=n$
$v_2=a$, $W_2=sa$
$i=1+1=2$

$i=2\neq 5=n$
$v_3=b$, $W_3=sab$
$i=2+1=3$

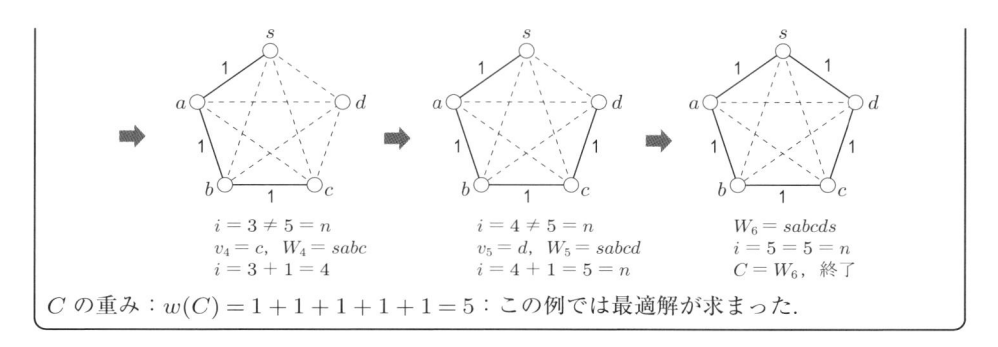

$i = 3 \neq 5 = n$
$v_4 = c, W_4 = sabc$
$i = 3 + 1 = 4$

$i = 4 \neq 5 = n$
$v_5 = d, W_5 = sabcd$
$i = 4 + 1 = 5 = n$

$W_6 = sabcds$
$i = 5 = 5 = n$
$C = W_6,$ 終了

C の重み：$w(C) = 1 + 1 + 1 + 1 + 1 = 5$：この例では最適解が求まった．

　巡回セールスマン問題に対する実行可能解を求めるためのアルゴリズムとしては，ほかに最小全域木を利用するものなどが知られている．また，分枝限定法などの最適化理論の手法を利用することにより，ある程度の大きさのグラフまでは，現実的な時間内で最適解を求めることができる．

第3章のおわりに

　第3章では，オイラーグラフとハミルトングラフについて学んだ．オイラーグラフは，簡明な判定条件が知られており，様々な問題に応用されている．郵便配達員問題は，清掃車や除雪車の運行経路のほかに，図形をプロッターで作図するときのアームの動きの最短経路を求める問題などに応用できる．そのほか，システムの状態をグラフとして表して，そのグラフのオイラー有向回路を求めることでシステムのテストの手順を決めるといった応用例もある．現実の問題を上手にオイラーグラフへモデル化できると，実用性のある解が見つかりやすい分野といえる．

　これに対して，すでに述べたように，ハミルトングラフには簡明な判定条件がいまだ見つかっていない．また，巡回セールスマン問題に対する効率のよいアルゴリズムも見つかっていない．したがって，現在のところ，よい実行可能解を見つけることに研究の中心があるといえる．応用的な側面のみならず，理論的側面からも活発な研究がおこなわれている分野の一つである．

　オイラーグラフとハミルトングラフはともに古典的な問題であるが，豊富な応用があり，実用面からも重要な分野を形成している．

演習問題 3

▶ **3.2 オイラーグラフと郵便配達員問題**

3.1 次のグラフ G, H がオイラーグラフであるかどうか判定せよ．

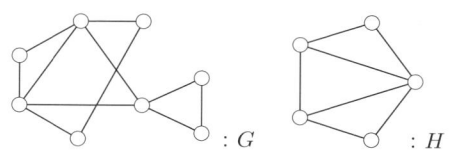

$:G$　　　$:H$

3.2 位数 5 のオイラーグラフを一つ挙げよ．

3.3 完全グラフ K_n $(n \geq 2)$ がオイラーグラフとなるための n の条件を求めよ．

3.4 完全 2 部グラフ $K_{m,n}$ $(m, n \geq 1)$ がオイラーグラフとなるための m, n の条件を求めよ．

3.5 次のグラフ G のオイラー回路をフラーリのアルゴリズムを利用して求めよ．

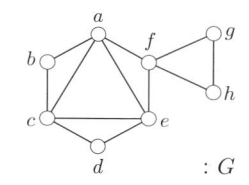

$:G$

3.6 オイラー有向グラフ D の各頂点 v において，

$$\mathrm{id}_D(v) = \mathrm{od}_D(v)$$

が成立することを示せ．

3.7 位数 5 のトーナメントで，オイラー有向グラフであるものを一つ挙げよ．

3.8 3 以上の偶数位数のトーナメントが，オイラー有向グラフではないことを示せ．

3.9 次の重み付きグラフ G の郵便配達員閉歩道を一つ挙げ，その重みを求めよ．

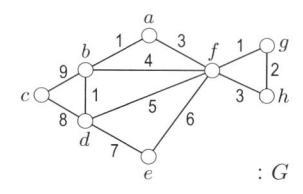

$:G$

3.10 次の重み付きグラフ G の郵便配達員閉歩道を一つ挙げ，その重みを求めよ．

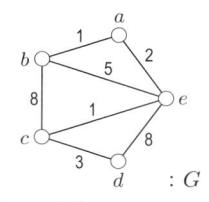

$:G$

3.3 ハミルトングラフと巡回セールスマン問題

3.11 次のグラフ G, H, I がハミルトングラフであるかどうか判定せよ．

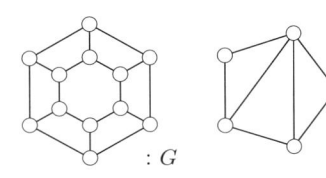

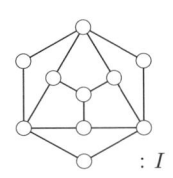

3.12 位数 2 以上の完全グラフ K_n がハミルトングラフとなるための n の条件を求めよ．

3.13 完全 2 部グラフ $K_{m,n}$ $(m, n \geq 1)$ がハミルトングラフとなるための m, n の条件を求めよ．

3.14 グラフ G にハミルトン道があれば，$V(G)$ の空ではない任意の真部分集合 S $(S \neq \phi,\ S \neq V(G),\ S \subseteq V(G))$ に対して，$k(G-S) \leq |S|+1$ が成立することを示せ．

3.15 位数 $p \geq 3$ のグラフ G の任意の非隣接点 u, v に対して

$$d_G(u) + d_G(v) \geq p-1$$

が成立しているハミルトングラフではないグラフ G の例を挙げよ．

3.16 位数 $p \geq 3$ のグラフ G の任意の頂点 v に対して

$$d_G(v) \geq \frac{p}{2} - 1$$

が成立しているハミルトングラフではないグラフ G の例を挙げよ．

3.17 位数 $p \geq 3$ のグラフ G の任意の非隣接点 u, v に対して

$$d_G(u) + d_G(v) \geq p$$

が成立しているとき，グラフ G が連結であることを示せ．

3.18 次の完全グラフに，s を始点としてアルゴリズム 3.2 を適用せよ．

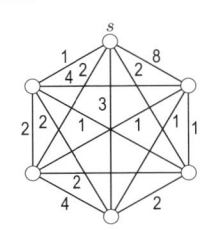

3.19 オイラーグラフであるがハミルトングラフではない，位数 2 以上の連結グラフの例を一つ挙げよ．

3.20 ハミルトングラフであるがオイラーグラフではない，位数 2 以上の連結グラフの例を一つ挙げよ．

第4章 ネットワークフローと最大流問題

現代社会では，情報や物資の移動を効率的におこなうことが求められている．いずれの場合も，輸送経路や回線では一度に送ることができる物の量や情報量に制限があり，それを超えて送ることはできない．制限のある輸送網のもとで，できるだけ多くのものを移動させるための計画を立てることが必要となる．

このような問題は，グラフ理論ではネットワークの理論として研究されている．本章では，ネットワークの理論の基礎概念や，最大の輸送量を実現するためのアルゴリズムについて学ぶ．

4.1 ネットワークとは

イベントが終了した会場から，多数の観客が帰宅のために最寄りの駅へ移動することを考えよう．道路を一度に通ることのできる人の数には制限があり，この制限のもとに，多くの人が移動できるように各道路の移動人数をコントロールしたい（図 4.1）．全体として移動人数が最大となるように各道路の最適な移動人数を決定することは，ネットワークの理論で扱う典型的な問題の一つである．

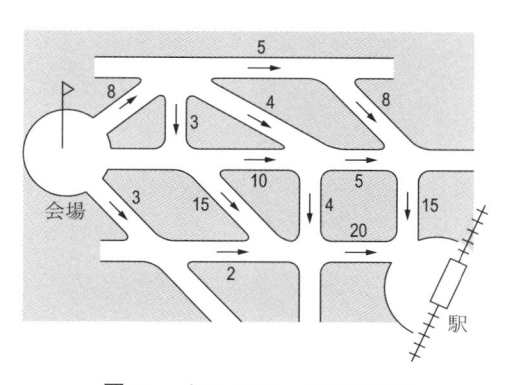

図 4.1 会場から駅への移動経路

ネットワークの問題とは，ソースとよばれる始点（この場合イベント会場）から，シンクとよばれる終点（この場合最寄りの駅）へ，最大の量が流れるように，容量に制限のある各弧の上の輸送量を求めることである．この問題に関しては多くのバリエーションが存在する．

4.2 ネットワークの基礎概念

定義 4.1（ネットワーク） ソースとよばれる頂点 s とシンクとよばれる頂点 t をもつ連結有向グラフ D で，各弧 a に**容量**とよばれる数 $c(a) \geq 0$ がつけられたものを**ネットワーク** N とよぶ．容量は，各弧を通過できる量の上限を表している．次の条件 (1), (2) を満たすように各弧 a に割り当てられた値 $f(a)$ を**フロー**（流れ）という．

(1) **容量制限**：任意の弧 $a \in A(D)$ に対して，$0 \leq f(a) \leq c(a)$
(2) **保存条件**：s と t 以外の任意の頂点 v に対して，次式が成立する．

$$\sum_{a \in o(v)} f(a) = \sum_{a \in i(v)} f(a)$$

ここで，$o(v)$ で頂点 v を始点とする弧全体の集合を，$i(v)$ で頂点 v を終点とする弧全体の集合をおのおの表している（図 4.2 参照）．

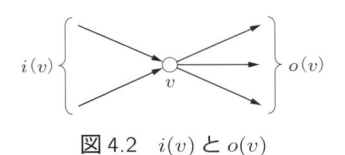

図 4.2 $i(v)$ と $o(v)$

(1), (2) の条件を満たす最も簡単な弧への数の割り当ては，すべての弧 a に対して $f(a) = 0$ とするものである．このような f を **0-フロー**とよぶ． □

容量制限は，弧の容量を超えて物を移動させることができないことを意味し，保存条件は，途中に留まる物がないこと（ソースとシンク以外の各頂点では，その頂点に入る量と出る量が等しいこと）を意味している．

▷**例 4.1** 図 4.3 に s をソース，t をシンクとするネットワークの例を示す．ここで，各弧に割り当てられた容量は下線付きの数字で表し，フローは容量の前の数字で表している．

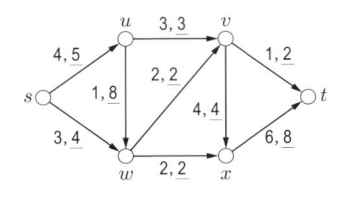

図 4.3 ネットワーク

図 4.3 のネットワークについて，容量制限は成立している．
保存条件については，

$$\sum_{a\in o(u)} f(a) = 1+3 = 4 = 4 = \sum_{a\in i(u)} f(a)$$

$$\sum_{a\in o(v)} f(a) = 4+1 = 5 = 3+2 = \sum_{a\in i(v)} f(a)$$

$$\sum_{a\in o(w)} f(a) = 2+2 = 4 = 1+3 = \sum_{a\in i(w)} f(a)$$

$$\sum_{a\in o(x)} f(a) = 6 = 6 = 4+2 = \sum_{a\in i(x)} f(a)$$

より，成立していることがわかる．図 4.4 に 0-フローの例を示す．

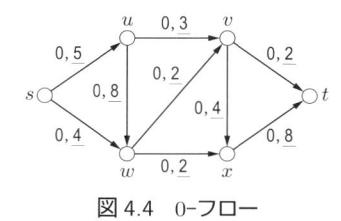

図 4.4 0-フロー

フローに関しては次のような関係が知られている．

定理 4.1 s をソース，t をシンクとするネットワーク N の任意のフロー f に関して，

$$\sum_{a\in o(s)} f(a) - \sum_{a\in i(s)} f(a) = \sum_{a\in i(t)} f(a) - \sum_{a\in o(t)} f(a)$$

が成立する．

定理 4.1 は，ソースから出たものはすべてシンクへ届くことを意味している（証明は演習問題 4.4 参照）．

定義 4.2（フローの値，最大流問題） ソース s からシンク t へ流れるフローの総量をフローの値とよび，

$$\mathrm{val}(f) = \sum_{a\in o(s)} f(a) - \sum_{a\in i(s)} f(a) = \sum_{a\in i(t)} f(a) - \sum_{a\in o(t)} f(a)$$

で定める．$\mathrm{val}(f)$ が最大となるフロー f を**最大流**（**最大フロー**）とよぶ．与えられたネットワークの最大流を求める問題を**最大流問題**という． □

▷**例 4.2** 図 4.3 のネットワークのフローの値は次のとおりである．

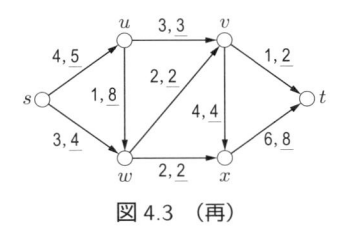

図 4.3（再）

$$\sum_{a\in o(s)} f(a) - \sum_{a\in i(s)} f(a) = (4+3) - 0 = 7 = \mathrm{val}(f)$$

$$\sum_{a\in i(t)} f(a) - \sum_{a\in o(t)} f(a) = (1+6) - 0 = 7 = \mathrm{val}(f)$$

この場合，f は実は最大流となっている．

例題 4.1（最大流を求める）

s をソース，t をシンクとする右図のネットワークに対して次を求めよ．
(1) 0-フローとその値
(2) 最大流とその値

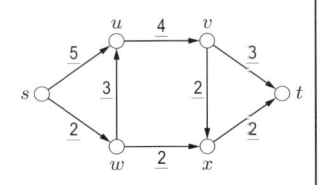

解 (1) 0-フローは各弧に 0 を割り当てることにより得られる．したがって，フローの値は 0 である．
(2) 右下の図が最大流である．最大流の求め方は次節で示すので，具体的な求め方はここでは述べない．これ以上フローの値を大きくすることができないことは，シンク t に入る 2 本の弧のそれぞれにおいて，割り当てられた値が容量と同じであることからわかる．

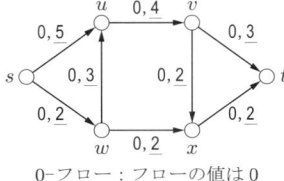

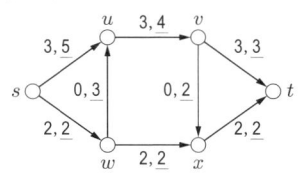

0-フロー：フローの値は 0   最大流：フローの値は $2+3=5$

ネットワークのフローの値は，弧の容量によって制限されている．次のカットの概念は，弧によるフローの値の制限を扱ったものである．ここで，集合 U とその部分集合 A に対して，$U-A = A^c$ は A に含まれていない U の要素全体の集合であり，A^c を A の**補集合**という．たとえば，$U = \{a,b,c,d\}$，$A = \{a,c\}$ に対して，$U-A = A^c = \{b,d\}$ である．

定義 4.3（カット） ネットワーク N において，S を $s \in S$, $t \in V(D) - S = S^c$ なる頂点部分集合とする．すなわち，ソース s を含んでシンク t を含まない頂点部分集合を S とする．S の補集合 S^c はシンク t を含むが，ソース s を含んでいない．このとき，S の頂点を始点とし，S^c の頂点を終点とする弧全体の集合を (S, S^c) で表し，(S, S^c) を N の**カット**とよぶ．また，

$$\mathrm{cap}((S, S^c)) = \sum_{a \in (S, S^c)} c(a)$$

をカット (S, S^c) の**容量**という．容量最小のカットを**最小カット**とよぶ． □

カット (S, S^c) の容量とは，ソース s を含む頂点の集合 S から，シンク t を含む頂点の集合 S^c へ移動できるフローの値の上限を示したものである．

▷ **例 4.3** 図 4.3 の s をソース，t をシンクとするネットワークに対して，次のことがわかる．

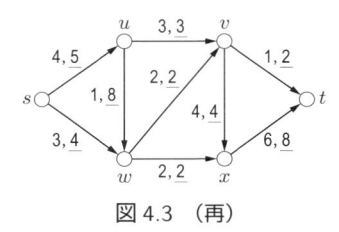

図 4.3（再）

$S = \{s, u, w, x\}$ とすると，$S = \{s, u, w, x\}$ のいずれかの頂点を始点とし，$S^c = \{v, t\}$ のいずれかの頂点を終点とする弧の集合が (S, S^c) であり，

$$(S, S^c) = \{u \to v,\ w \to v,\ x \to t\}$$

となる．また，(S^c, S) は $S^c = \{v, t\}$ のいずれかの頂点を始点とし，$S = \{s, u, w, x\}$ のいずれかの頂点を終点とする弧の集合であり，

$$(S^c, S) = \{v \to x\}$$

となる．(S, S^c) の弧と (S^c, S) の弧は始点と終点の位置が逆であることに注意してほしい．カット (S, S^c) の容量は

$$\mathrm{cap}((S, S^c)) = c(u \to v) + c(w \to v) + c(x \to t) = 3 + 2 + 8 = 13$$

となる．また，

$$\sum_{a \in (S, S^c)} f(a) - \sum_{a \in (S^c, S)} f(a)$$
$$= \{f(u \to v) + f(w \to v) + f(x \to t)\} - \{f(v \to x)\}$$

$$= (3+2+6) - 4 = 7$$

この値は S 側から S^c 側へ移動しているフローの相対的な値である．

次に，$S = \{s, u, w\}$ とすると，
$$(S, S^c) = \{u \to v, w \to v, w \to x\}$$
であり，S^c の頂点を始点とし，S の頂点を終点とする弧が存在しないので
$$(S^c, S) = \emptyset$$
となる．また，
$$\mathrm{cap}((S, S^c)) = c(u \to v) + c(w \to v) + c(w \to x) = 3 + 2 + 2 = 7$$
であり，
$$\sum_{a \in (S, S^c)} f(a) - \sum_{a \in (S^c, S)} f(a)$$
$$= \{f(u \to v) + f(w \to v) + f(w \to x)\} - 0$$
$$= (3 + 2 + 2) - 0 = 7$$
である．このフローの値が $\mathrm{val}(f) = 7$ であるので，以下に述べる定理 4.3 よりカットの容量がフローの上限を示していることを考えると，この場合 (S, S^c) は最小カットであり，f は最大流である（正確には系 4.1 を参照）．

例題 4.2（カットとカットの容量）

図 4.3 の s をソース，t をシンクとするネットワークにおいて，$S = \{s, w, x\}$ に関するカットとその容量を求めよ．

解 $S^c = \{u, v, t\}$ であるので，カットは
$$(S, S^c) = \{s \to u, w \to v, x \to t\}$$
となり，カットの容量は
$$\mathrm{cap}((S, S^c)) = c(s \to u) + c(w \to v) + c(x \to t) = 5 + 2 + 8 = 15$$
となる．

フローの保存条件から，カットの容量とフローの値の間に次のような関係が導かれる（証明は演習問題 4.5 参照）．

定理 4.2 N をネットワークとし，フローを f とする．このとき任意のカット (S, S^c) に対して
$$\mathrm{val}(f) = \sum_{a \in (S, S^c)} f(a) - \sum_{a \in (S^c, S)} f(a)$$
が成立する．

定理 4.3 ネットワーク N の任意のフロー f と任意のカット (S, S^c) に対して
$$\mathrm{val}(f) \leq \mathrm{cap}((S, S^c))$$
が成立する.

証明 任意の弧 a に対して, $0 \leq f(a) \leq c(a)$ であるので,
$$\sum_{a \in (S, S^c)} f(a) \leq \sum_{a \in (S, S^c)} c(a) = \mathrm{cap}((S, S^c))$$
$$0 \leq \sum_{a \in (S^c, S)} f(a)$$
が成立する. したがって, 定理 4.2 より,
$$\mathrm{val}(f) = \sum_{a \in (S, S^c)} f(a) - \sum_{a \in (S^c, S)} f(a)$$
$$\leq \mathrm{cap}((S, S^c)) - 0 = \mathrm{cap}((S, S^c))$$
を得る. □

系 4.1 ネットワーク N のフロー f とカット (S, S^c) に対して
$$\mathrm{val}(f) = \mathrm{cap}((S, S^c))$$
が成立するならば, f は最大流であり, (S, S^c) は最小カットである.

証明 定理 4.3 より, フローの値は任意のカットの容量を超えないので, 最小カットの容量が上限となる. したがって, 上限であるカットの容量と一致する値をもつフローは最大流である. 最小カットについても同様である. □

―**例題 4.3**（フローの値とカットの容量）――――
s をソース, t をシンクとする右図のネットワークにおいて, フローの値と $S = \{s, w, x\}$ に関するカットとその容量を求めよ.

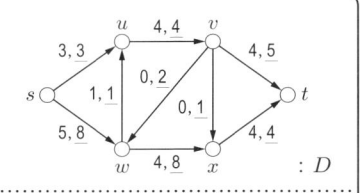

解 フローの値 $\mathrm{val}(f)$ は, シンク t で考えると, t から出ていく弧がないので t に入ってくる弧 $v \to t$ と $x \to t$ に割り当てられた値の和となる. したがって,
$$\mathrm{val}(f) = f(v \to t) + f(x \to t) = 4 + 4 = 8$$
となる. S の頂点を始点とし, $S^c = V(D) - S = \{u, v, t\}$ の頂点を終点とする弧の集合がカット (S, S^c) であるので,

$$(S, S^c) = \{s \to u, w \to u, x \to t\}$$
$$\mathrm{cap}((S, S^c)) = c(s \to u) + c(w \to u) + c(x \to t) = 3 + 1 + 4 = 8$$

ここで，$\mathrm{val}(f) = 8 = \mathrm{cap}((S, S^c))$ であるので，系 4.1 より f は最大流であり，(S, S^c) が最小カットであることがわかる．

実際，最大流のフローの値と最小カットの値は常に一致する．このことに関しては，次節で触れる．

4.3 最大流アルゴリズム

前節で，カットの容量と等しいフローは最大流であることを述べた．実際のところ，最大流のフローの値と最小カットの容量は一致し，最小カットの容量まで，フローの値を増やすことができる．

また，最大流 f と最小カット (S, S^c) において，$a \in (S, S^c)$ なる弧はすべて，$f(a) = c(a)$ を満たし，$a \in (S^c, S)$ なる弧はすべて，$f(a) = 0$ を満たしていることがいえる．

定義 4.4（f-飽和，f-零） $f(a) = c(a)$ となる弧 a を **f-飽和**，$f(a) = 0$ となる弧 a を **f-零**とよぶ． □

▷**例 4.4** 図 4.5 の右のネットワークのフローにおいて弧 $u \to w$ は f-飽和であり，弧 $x \to v$ は f-零である．また，弧 $w \to v$ は左のフローでは f-飽和ではないが，右のフローでは f-飽和である．

▷**例 4.5** 図 4.5 のネットワークのフローは，左のネットワークの

$$s \xrightarrow{2,9} w \xrightarrow{5,10} v \xleftarrow{8,8} u \xrightarrow{5,10} x \xrightarrow{8,14} t$$

の部分を

$$s \xrightarrow{7,9} w \xrightarrow{10,10} v \xleftarrow{3,8} u \xrightarrow{10,10} x \xrightarrow{13,14} t$$

のように修正するとフローの値を増やすことができる．ここで，弧 $w \to v$ の f の値 $f(w \to v)$ を 5 から 10 に変化させることは，流れの値を 5 増やすことを意味し，弧 $u \to v$ の f の値 $f(u \to v)$ を 8 から 3 に変化させることは，逆向きに 5 流すことに対応している．

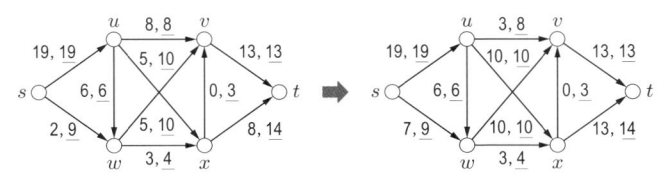

図 4.5 フローの修正

例 4.5 では，s から t への弧の並び

$$s \to w \to v \leftarrow u \to x \to t$$

に沿ったフローの修正によって，フローの値を増加できることを示した．フローの修正を繰り返すことによって最大流を求めるアルゴリズムが，次に紹介するフォード・ファルカーソンのアルゴリズムである．次に定義をする残余容量ネットワークは，フォード・ファルカーソンのアルゴリズムで利用するものである．

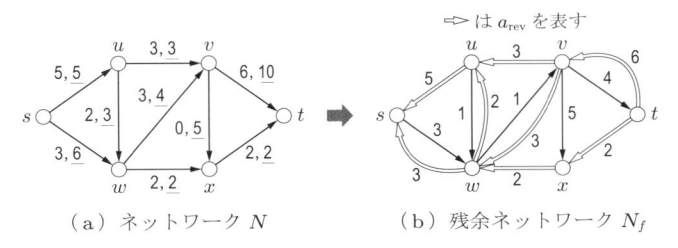

定義 4.5（残余容量ネットワーク）　ネットワーク N に関する**残余容量ネットワーク** N_f とは，N と N 上のフロー f から構成される次のようなネットワークのことである．残余容量ネットワークを形成する有向グラフ D_f は，N を形成する有向グラフ D と同じ頂点集合と**ソース** s, **シンク** t をもつ連結有向グラフで，弧集合が

$$A(D_f) = \{a \in A(D); f(a) < c(a)\} \cup \{a_{\text{rev}}; f(a) > 0, a \in A(D)\}$$

なるものである．ここで，a_{rev} は弧 $a = u \to v \in A(D)$ の向きを逆にした弧 $a_{\text{rev}} = u \leftarrow v$ のことである．そして，残余容量ネットワーク N_f では，D_f の各弧 a に次のように容量が割り当てられている．

$$\begin{cases} c_f(a) = c(a) - f(a) & (f(a) < c(a) \text{ のとき}) \\ c_f(a_{\text{rev}}) = f(a) & (f(a) > 0 \text{ のとき}) \end{cases}$$ □

▷**例 4.6**　ネットワーク N の残余容量ネットワークを求めると図 4.6 の (b) のようになる．ここでは逆向きの弧 a_{rev} を $\Longrightarrow$ の形で明示してある．

（a）ネットワーク N　　　　（b）残余ネットワーク N_f

図 4.6 残余容量ネットワーク

ここで，$c_f(a)$ の意味を考えてみよう．$c_f(a) = c(a) - f(a)$ は，あとどれだけ弧 a に割り当てるフローの値を増やせるか，すなわち，弧 a に関して増加できるフローの値の上限を示している．これに対して，$c_f(a_{\text{rev}}) = f(a)$ はどれだけ弧 a に逆向きに流すことができるか，すなわち，弧 a に関して割り当てを減少できるフローの値の上限を示している．残余容量ネットワークは，このようにフローの値を修正するときに利用可能な弧から形成されたネットワークである．残余容量ネットワーク N_f 上の有向道（増大道）は次のように定義される．増大道はフローの値の修正に用いることができる．

定義 4.6（増大道） 残余容量ネットワーク N_f の s–t 有向道に対応するネットワーク N の弧の並びを，フロー f に関する増大道（あるいは f-増大道）という． □

▷**例 4.7（増大道）** 図 4.7 の残余容量ネットワークの s–t 有向道
$$s \to w \to x \to v \to t$$
がネットワークの増大道
$$s \to w \to x \leftarrow v \to t$$
である．

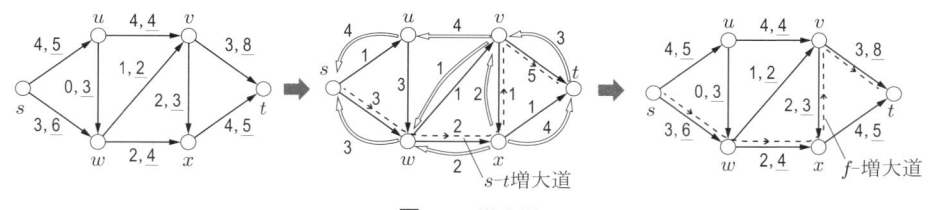

図 4.7 増大道

一般に，集合 A と A 上の実数値関数 $g(a)$ に対して，$\min_{a \in A}\{g(a)\}$ で A に属する要素 a に対して最も小さい $g(a)$ の大きさを表す．

ここで，残余容量ネットワーク N_f の s–t 有向道 P に対して，$\tau_f(P)$ を
$$\tau_f(P) = \min_{a \in A(P)}\{c_f(a)\}$$
で定める．すなわち，P 上の弧 a に関する $c_f(a)$ の最小値が $\tau_f(P)$ である．P に対応する増大道に沿ったフローの修正量は，増加できるフローの値の最も少ない弧によって決まる．したがって，この増大道に沿ったフローの修正量は，残余容量ネットワーク N_f の s–t 有向道 P 上の各弧で変更可能な量の最小値 $\tau_f(P)$ となる．

4.3 最大流アルゴリズム

アルゴリズム 4.1 最大流を求める：フォード・ファルカーソンのアルゴリズム

入力：s をソース，t をシンクとするネットワーク N
出力：N の最大流 f

step.0 すべての弧に 0 を割り当て，フロー f（0-フロー）を構成する．
step.1 f に関する残余容量ネットワーク N_f を構成する．
step.2 N_f に s–t 有向道が存在しないときは，f を出力して終了．
N_f に s–t 有向道 P が存在するときは step.3 へいく．
step.3 $\tau_f(P) = \min_{a \in A(P)} \{c_f(a)\}$ を求める．
step.4 N のフロー f' を次のように定める．

$$f'(a) = \begin{cases} f(a) + \tau_f(P) & (a \in A(P) \text{ かつ弧 } a \in \{a \in A(D)\,;\, f(a) < c(a)\}) \\ f(a) - \tau_f(P) & (a \in A(P) \text{ かつ弧 } a \in \{a_{\text{rev}}\,;\, f(a) > 0,\ a \in A(D)\}) \\ f(a) & (a \notin A(P)) \end{cases}$$

フロー f を f' に置き換え（フローの修正），step.1 へ戻る．

フォード・ファルカーソンのアルゴリズムでは，増大道を形成する可能性のある弧からなるネットワークである残余容量ネットワークを構成して増大道を探し，フローの値を修正している．

例題 4.4（最大流を求める）

右図の s をソース，t をシンクとするネットワーク N にフォード・ファルカーソンのアルゴリズムを適用せよ．

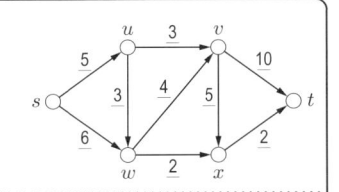

解 0-フローから始めて，毎回残余容量ネットワークを構成し，残余容量ネットワーク上の s–t 有向道（増大道）を求めフローを修正していく．この修正プロセスを，残余容量ネットワークに s–t 有向道がなくなるまで繰り返し，最大流を求める．

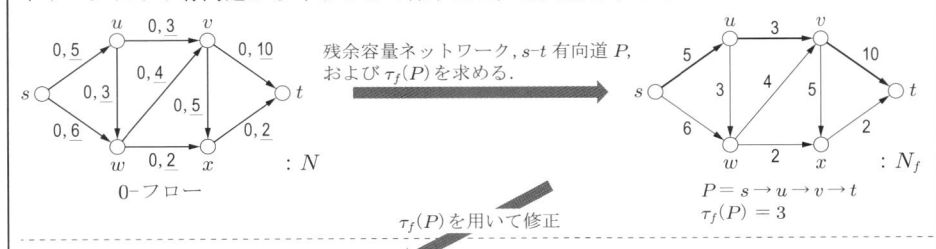

残余容量ネットワーク，s–t 有向道 P，および $\tau_f(P)$ を求める．

$P = s \to u \to v \to t$
$\tau_f(P) = 3$

$\tau_f(P)$ を用いて修正

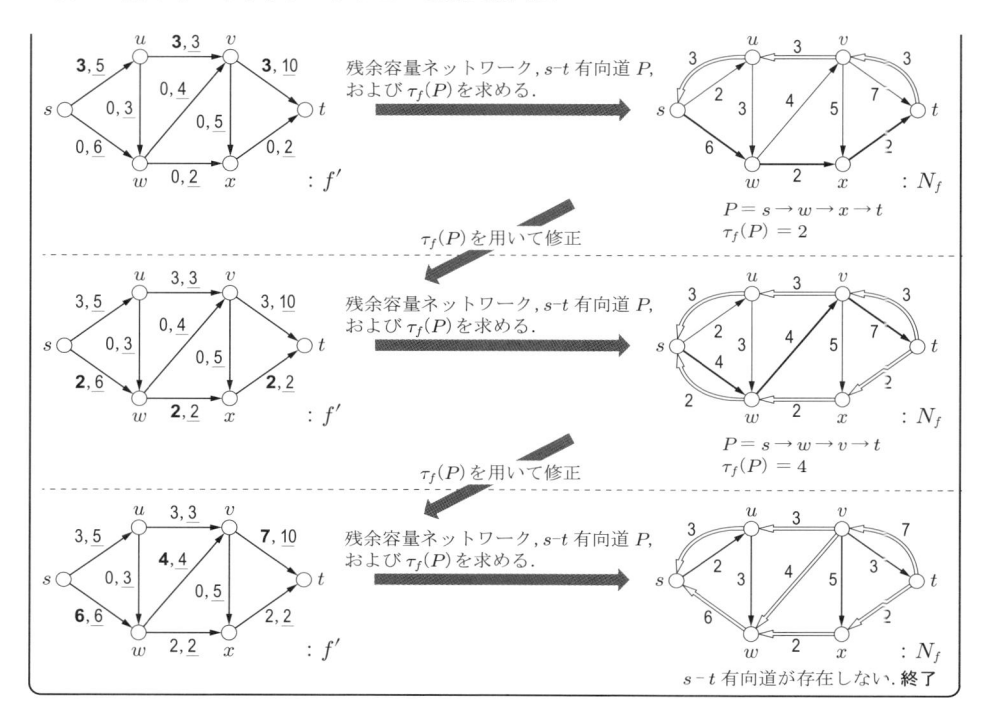

最大流と増大道に関しては，次のような関係が知られている．

定理 4.4 ネットワーク N のフロー f が最大流であるための必要十分条件は，N が f-増大道を含まないことである．

次の結果は，フローが最大流となるときの弧の飽和状態を表現したものである．

定理 4.5 f をネットワーク N の最大流とし，S を残余容量ネットワーク N_f において，N のソース s から有向道で到達できる頂点全体の集合とする．このとき，(S, S^c) は N のカットであり，以下が成立する（証明は演習問題 4.11 参照）．
 (a) $a \in (S, S^c)$ はすべて，$f(a) = c(a)$ を満たす．
 (b) $a \in (S^c, S)$ はすべて，$f(a) = 0$ を満たす．

例題 4.5（残余容量ネットワークから求まるカット）
次のネットワークにおいて，S を N のソース s から有向道で到達できる頂点全体の集合とする．(S, S^c) および (S^c, S) を求めよ．また，(S, S^c), (S^c, S) の各弧のフローで割り当てられた値も求めよ．

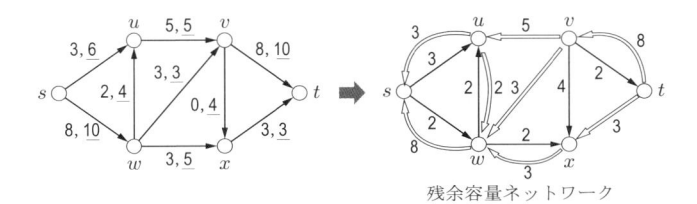

解 残余容量ネットワーク N_f において，N のソース s から有向道を利用して到達できる頂点は s, u, w, x であるので，
$$S = \{s, u, w, x\}$$
となる．ここで S の頂点を始点とし，S^c の頂点を終点とする N の弧が $u \to v$, $w \to v$, $x \to t$ であるので，
$$(S, S^c) = \{u \to v, w \to v, x \to t\}$$
となり，S^c の頂点を始点とし，S の頂点を終点とする N の弧が $v \to x$ であるので，
$$(S^c, S) = \{v \to x\}$$
を得る．このとき，各弧の値は次のとおりであり，(S, S^c) の弧はすべて $f(a) = c(a)$ を満たし，(S^c, S) の弧は $f(a) = 0$ となっている．
$$f(u \to v) = 5 = c(u \to v), \quad f(w \to v) = 3 = c(w \to v)$$
$$f(x \to t) = 3 = c(x \to t), \quad f(v \to x) = 0$$

定理 4.5 で述べたカット (S, S^c) の容量は，最大流の値と一致する．したがって，次の定理が得られる．

定理 4.6 任意のネットワークにおいて，最大流の値と最小カットの容量は等しい．

証明 定理 4.5 のカット (S, S^c) に関して，
$$\mathrm{val}(f) = \sum_{a \in (S, S^c)} f(a) - \sum_{a \in (S^c, S)} f(a)$$
$$= \sum_{a \in (S, S^c)} c(a) - \sum_{a \in (S^c, S)} 0$$
$$= \mathrm{cap}((S, S^c))$$
が成立する．したがって，最大流の $\mathrm{val}(f)$ と容量が一致するカットが存在するので，系 4.1 より，任意のネットワークにおいて，最大流の値と最小カットの容量は等しいことが示せた．□

第 4 章のおわりに

　第 4 章では，ネットワークについて学んだ．ここでは，基本的なアルゴリズムであるフォード・ファルカーソンのアルゴリズムを紹介した．フォード・ファルカーソンのアルゴリズムは，step.1〜step.4 の繰り返しが非常に多くなってしまうという場合があるなどの問題点が存在する．これらの問題点を解消する方法として，BFS アルゴリズムを利用したアルゴリズムや，増大道を用いずに push と relabel という新しい手法を導入した，より効率的なアルゴリズムが考案されている（詳細については [1], [6], [10] 等の文献を参照のこと）．

　ここで扱った基本的なネットワークのほかにも，様々なバリエーションのネットワークがあり，それらに対する研究も活発におこなわれている．また，最大流の研究は，グラフの結合度合いを示す指標（連結度など）とも密接に関係している．たとえば，2 頂点間を結ぶ始点と終点以外に共有点をもたない道の本数と 2 頂点を分離する点集合の大きさが等しいことを示したメンガーの定理は，ネットワークの理論と深く結びついている（詳細は [10], [11] などを見てほしい）．

演習問題 4

▶ **4.2 ネットワークの基礎概念**

4.1 次の s をソース，t をシンクとするネットワーク N について次の問いに答えよ．

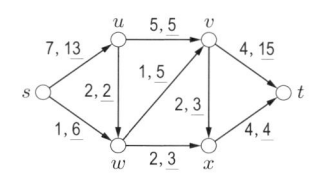

(1) 弧 (u,v) において容量制限は成立しているか．
(2) 頂点 v において保存条件は成立しているか．
(3) $\sum_{a\in o(s)} f(a) - \sum_{a\in i(s)} f(a)$ および $\sum_{a\in i(t)} f(a) - \sum_{a\in o(t)} f(a)$ を求めよ．

4.2 (1) 次の s をソース，t をシンクとするネットワーク N のフローの値を求めよ．

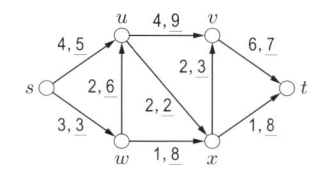

(2) (1) のネットワーク N において，$S=\{s,u,v,w\}$ に関するカット (S,S^c) とその容量を求めよ．
(3) (1) のネットワーク N の最大流とそのフローの値を求めよ．
(4) (1) のネットワーク N の最小カットとその容量を求めよ．

4.3 f をネットワーク N のフロー，(S,S^c) をカットで次の (1), (2) を満たすものとする．このとき，f が最大流で (S,S^c) が最小カットであることを示せ．
(1) $a\in(S,S^c)$ はすべて，$f(a)=c(a)$ を満たす．
(2) $a\in(S^c,S)$ はすべて，$f(a)=0$ を満たす．

4.4 定理 4.1 を示せ．

4.5 定理 4.2 を示せ．

4.6 系 4.1 における「(S,S^c) は最小カットである」を証明せよ．

▶ **4.3 最大流アルゴリズム**

4.7 (1) 次の s をソース，t をシンクとするネットワーク N について，最小カット (S,S^c) とその容量を求めよ．

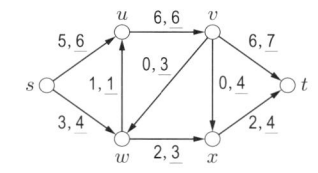

(2) (1) のネットワーク N のフローの値を求めよ．

4.8 (1) 次の s をソース，t をシンクとするネットワーク N に関する残余容量ネットワーク N_f を求めよ．

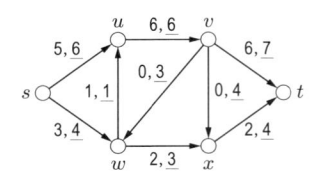

(2) (1) の残余容量ネットワーク N_f における s–t 道 $P: s \to w \to x \to t$ に対して，$\tau_f(P) = \min_{a \in A(P)}\{c_f(a)\}$ を求めよ．

4.9 次の s をソース，t をシンクとするネットワークにフォード・ファルカーソンのアルゴリズムを適用して最大流とその値を求めよ．また，最小カットとその容量を求めよ．

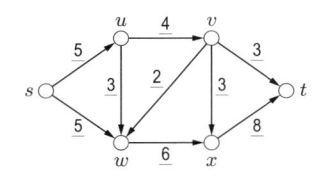

4.10 f をネットワーク N の最大流とし，S を N のソース s から有向道で到達できる頂点全体の集合とする．N のシンク t に対して，$t \notin S$ となることを示せ．

4.11 S をネットワーク N の残余容量ネットワーク N_f において，N のソース s から有向道で到達できる頂点全体の集合とする．ネットワーク N に f–増大道が存在しないとき，以下が成立することを示せ．
(1) $a \in (S, S^c)$ はすべて，$f(a) = c(a)$ を満たす．
(2) $a \in (S^c, S)$ はすべて，$f(a) = 0$ を満たす．

第5章 マッチング

スポーツのリーグ戦における対戦カードは，リーグ戦に参加しているチームを2チームずつに分けることによって決定できる．リーグ戦を何日かに分けておこなう場合，対戦カードの決め方によっては，必要以上に日数がかかってしまう可能性がある．このような問題は，グラフ理論におけるマッチングの理論を用いると解決できる場合が多い．

本章では，マッチングの基礎概念および，2部グラフのマッチングを求めるためのアルゴリズムについて学ぶ．

5.1 マッチングとは

6チームでおこなわれるリーグ戦は，各チーム5試合をおこない，全体として15試合がおこなわれる．1日に3試合ずつ消化できれば，5日間で全試合を終了することができるが，このような日程の作成が可能だろうか．また，参加チームが5チームのときはどうだろうか．このようなとき，チームの対戦カードを決定するために利用できるのが，マッチングの理論である．

▷**例 5.1** A，B，C，D，E，Fの6チームによるリーグ戦のスケジュールを考える．図5.1のグラフは，頂点がチームを，辺が対戦カードを示している．また，表は試合日とその日におこなわれる対戦カードを表している．

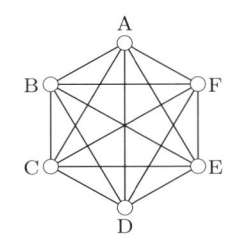

1日目	2日目	3日目	4日目	5日目
A–B	A–C	A–D	A–E	A–F
C–F	B–E	B–C	B–F	B–D
D–E	D–F	E–F	C–D	C–E

図 5.1 リーグ戦の対戦スケジュール

{A–B, C–F, D–E} のように，1日の対戦カードを示す辺の集合がマッチングである．例5.1では，1日の対戦カードにすべてのチームが参加し，各チームはほかのすべてのチームと対戦している．これに対して，奇数のチームによるリーグ戦では毎回試合のないチームが存在する．別の例として，大相撲の取組について考えてみよう．大相撲では40人余りの幕の内の力士が15日間対戦をおこなって優勝者を決定する．た

だし，同じ部屋に所属している力士同士は対戦しないなどの制約条件があり，対戦が15回しかなく，全員とは対戦しない．また，相撲の場合は番付というランキングを利用して取組を決めているのが特徴である．1日の対戦カードは，全力士を対戦する2名ずつに分けることになるので，これもマッチングの問題として扱うことができる．

これらの例でどのような対戦カードが可能かは，おのおのの競技でおこなわれる試合を示すグラフの形に依存している．本章では，各種のグラフにおけるマッチングについて学ぶ．

5.2 最大マッチング

定義 5.1（マッチング） グラフ G の辺部分集合 $M \subseteq E(G)$ の任意の2辺が共有点をもたないとき，M は**マッチング**とよばれる．グラフ G の辺数最大のマッチングを G の**最大マッチング**とよぶ．マッチング M に対して，M の辺が接続している頂点は，M によって**飽和**されているという．グラフ G のすべての頂点を飽和してるマッチングを，**完全マッチング**あるいは **1-因子**という． □

▷**例 5.2** 図 5.2 の $M = \{ab, cg, de\}$ は G のマッチングである．a, b, c, d, e, g は M によって飽和されている頂点であり，M によって飽和されていない頂点は f のみである．$M = \{ad, bc, fe\}$ は H の完全マッチングである．

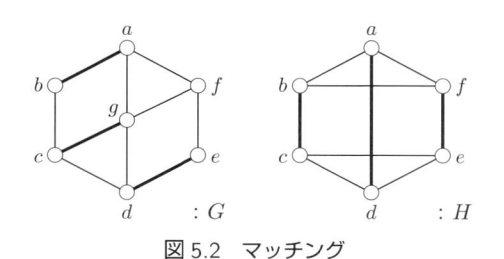

図 5.2 マッチング

例題 5.1（最大マッチング，完全マッチングを求める）

次のグラフの最大マッチングを求めよ．また，完全マッチングは存在するか．

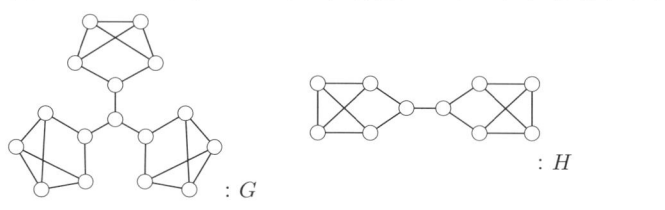

解 G の最大マッチングは図のとおり．G の中央の点 v を除くと，3個の位数5の成分に分かれる．位数5の成分では，位数が奇数であるので，マッチングで飽和されない頂点が少なくとも1個生じてしまう．3個の位数5の成分と辺で結ばれているのは，頂点 v のみであるので，G には完全マッチングが存在しないことがわかる．

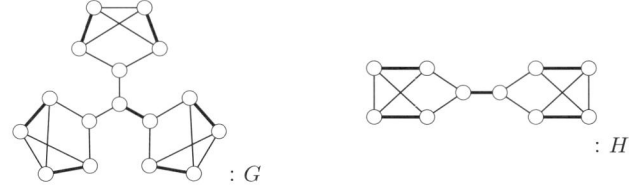

G の最大マッチング
(G には完全マッチングは存在しない)

H の最大マッチングで
完全マッチング

一方，H には図のように完全マッチングが存在する．したがって，完全マッチングが最大マッチングである．

完全グラフのマッチングに関しては次のようなことが知られている．

定理 5.1
(1) 完全グラフ K_{2n} ($n \geq 1$) は $2n-1$ 個の完全マッチングに辺集合を分解できる．
(2) 完全グラフ K_{2n-1} ($n \geq 1$) は $2n-1$ 個の最大マッチングに辺集合を分解できる．このとき，最大マッチングに含まれる辺数は $n-1$ である．

証明
(1) $n=1$ のとき，K_2 は1本の辺のみからなるグラフであり，1個の完全マッチングからなっている．したがって，$n \geq 2$ とする．$V(K_{2n}) = \{v_0, v_1, \ldots, v_{2n-1}\}$ とし，$v_1, v_2, \ldots, v_{2n-1}$ を正 $(2n-1)$ 角形の頂点に配置し，v_0 をその正 $(2n-1)$ 角形の中心に配置する．次に，任意の2頂点を辺で結び完全グラフ K_{2n} を描く．このとき，M_i を辺 $v_0 v_i$ と辺 $v_0 v_i$ に垂直な辺全体の集合とすると，M_i は K_{2n} の完全マッチングとなる．また，$v_1, v_2, \ldots, v_{2n-1}$ が正奇数角形の頂点に配置されているので，$v_0 v_i$ と $v_0 v_j$ が同一直線上にあることはない．したがって，$M_i \cap M_j = \emptyset$ ($i \neq j$) となる．以上より，K_{2n} の辺集合は $M_1, M_2, \ldots, M_{2n-1}$ に分割できたことがわかる．

(2) K_{2n-1} にダミーの頂点 v を加え，v と K_{2n-1} の各頂点を辺で結び，K_{2n} をつくり，(1) と同様の操作をおこなえば，$2n-1$ 個の K_{2n} の完全マッチング（この完全マッチングは n 本の辺を含む）による分解が得られる．ここで，ダミーの頂点 v に接続している辺をそれぞれの完全マッチングより除くと $n-1$ 本の辺からなる K_{2n-1} のマッチングが得られる．K_{2n-1} の頂点数が $2n-1$ であるので，辺数 $n-1$ のマッチングは K_{2n-1} の最大マッチングである．したがって，求める最大マッチングによる K_{2n-1} の辺集合の分解が得られる． □

▷**例 5.3**　定理 5.1 (1) の証明に基づいて，K_6 を 5 個の完全マッチングへ分解すると図 5.3 のようになる．

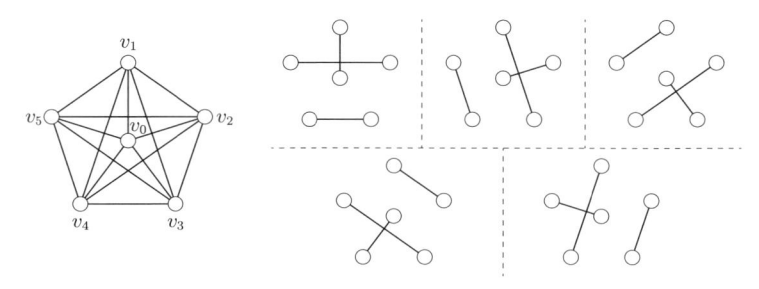

図 5.3　K_6 の完全マッチングによる分解

例題 5.2（最大マッチングへの分解）

K_5 を最大マッチングに分解せよ．

解　定理 5.1 (2) の証明と例 5.3 の完全マッチングへの分解を利用する．このとき，例 5.3 における点 v_0 を定理 5.1 (2) の証明におけるダミーの頂点 v と考える．このようにすると次のような最大マッチングによる分解が得られる．

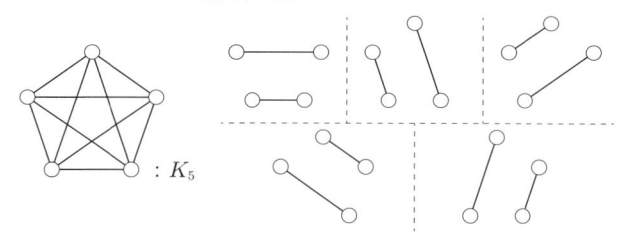

$: K_5$

（図 5.3 の完全マッチングから頂点 v_0 に接続する辺を除くことによって得られる最大マッチングによる分解）

定義 5.2（交互道，増大道）　M をグラフ G のマッチングとしたとき，M に属する辺と M に属さない辺が交互に並んでいる G の道を，**M-交互道**あるいは**交互道**とよぶ．また，M に属する辺と M に属さない辺が交互に並んでいる閉路を，**交互閉路**とよぶ．始点と終点が M によって飽和されていない交互道を，**M-増大道**あるいは**増大道**とよぶ．　□

▷**例 5.4**　図 5.4 に交互道，交互閉路の例を示す．図 5.5 のように増大道上の辺を入れ換えたものも G のマッチングとなり，しかも M より辺が 1 本多くなっている．

5.2 最大マッチング

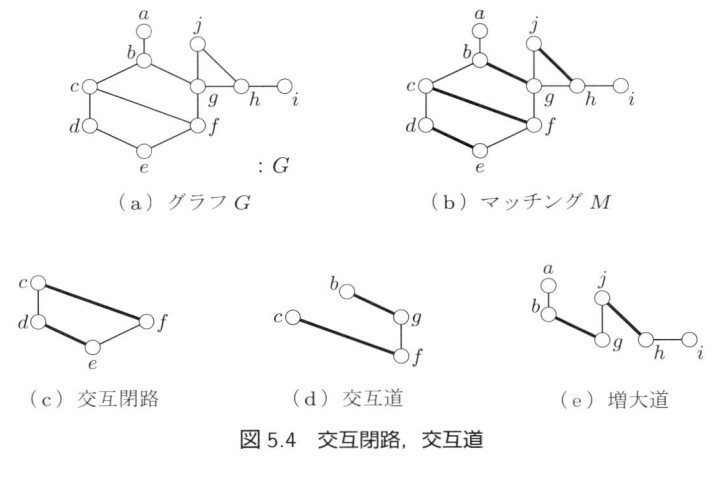

(a) グラフ G

(b) マッチング M

(c) 交互閉路

(d) 交互道

(e) 増大道

図 5.4 交互閉路，交互道

: 図 5.4 のマッチング M に関する増大道

⬇ マッチングの辺の入れ換え

図 5.5 増大道の辺を入れ換える

例題 5.3（増大道による修正）

次のグラフの増大道を見つけ，マッチングの辺を入れ換えることによりマッチングを修正せよ．

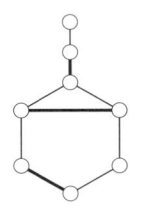

解 上図のグラフには，下図のような増大道 P が存在する．P 上の辺においてマッチング辺を入れ換えることで，マッチングを修正する．

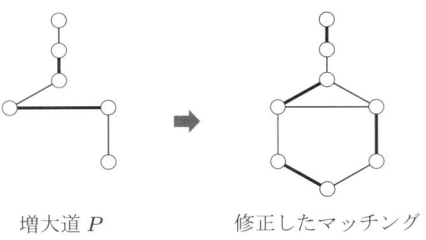

増大道 P → 修正したマッチング

最大マッチングと増大道の間には次のような関係がある．

定理 5.2 グラフ G のマッチング M が最大マッチングであるための必要十分条件は，G が M-増大道を含まないことである．

定義 5.3（辺彩色） 辺彩色とは，同じ頂点に接続する辺が異なる色となるような，グラフの辺全体への色の塗り方のことである．　　□

　同じ頂点に接続する辺には異なる色を塗るので，グラフ G の辺の彩色のためには，少なくとも $\Delta(G)$ 色が必要である．ビジングは高々 $\Delta(G)+1$ 色で任意のグラフが辺彩色できることを示した．

定理 5.3（ビジング） グラフ G の辺集合 $E(G)$ は，$\Delta(G)$，あるいは $\Delta(G)+1$ 種類の色で辺彩色可能である．

　辺彩色されたグラフにおいて，同色の辺は共有点をもたず，同色辺集合はマッチングとなる．次の系は，ビジングの定理をマッチングの観点から述べたものである．

系 5.1 グラフ G の辺集合 $E(G)$ は，$\Delta(G)$ 個あるいは，$\Delta(G)+1$ 個のマッチングに分割可能である．

例題 5.4（マッチングによる辺集合の分割）

次のグラフ G を $\Delta(G)$ 個のマッチングに分解し，グラフ H を $\Delta(H)+1$ 個のマッチングに分割せよ．

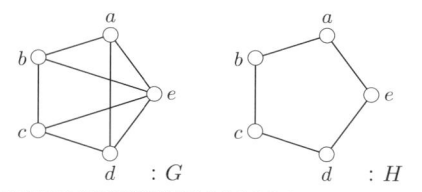

解 G は最大次数 $\Delta(G)$ が 4 であるので，系 5.1 より 4 個あるいは 5 個のマッチングに分割できる．この場合，次のように 4 個のマッチングに分解できる．

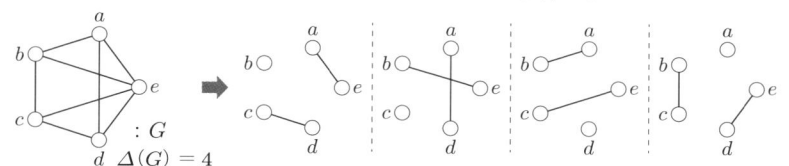

　H は最大次数 $\Delta(H)$ が 2 であるので，系 5.1 より 2 個あるいは 3 個のマッチングに分割できる．この場合，H が奇閉路であるので 2 個には分解できず，次のように 3 個のマッチングに分解できる．

3.2 節で扱った郵便配達員問題で，奇点が 0 個および 2 個の場合については，その解法を 3.2 節で述べている．奇点が 4 個以上ある場合は，重み付き完全グラフに対するマッチングへの分割を利用して解決できる．

例題 5.5（マッチングを利用した郵便配達員問題の解法）

次のグラフ G の郵便配達員閉歩道を求めよ．

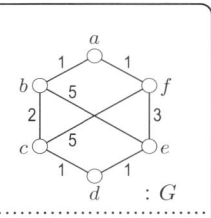

解 G の奇点が b, c, e, f の 4 個であるので，これらの中の任意の 2 頂点間の重み最小の道とその重みを求める．

重み最小の b–c 道：	bc	重み 2
重み最小の b–e 道：	$bcde$	重み 4
重み最小の b–f 道：	baf	重み 2
重み最小の c–e 道：	cde	重み 2
重み最小の c–f 道：	$cbaf$	重み 4
重み最小の e–f 道：	ef	重み 3

次に，b, c, e, f の 4 個の頂点からなる完全グラフ K_4 で，各辺の重みが 2 点を結ぶ G の重み最小の道の重みとなっている重み付きグラフをつくる．辺集合を 3 個のマッチング M_1, M_2, M_3 に分解する．

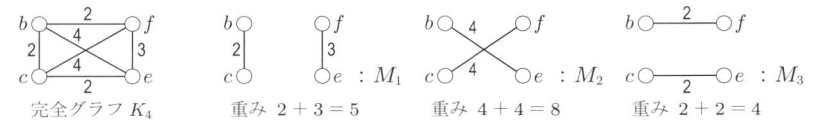

各マッチングの重みは要素の辺の重みの総和である．M_3 が重み最小であるので，G において重み最小の b–f 道を利用して奇点 b から奇点 f へ移動し，重み最小の c–e 道を利用して奇点 c から奇点 e へ移動すれば，郵便配達員閉歩道が得られることがわかる．したがって，重み最小の b–f 道と重み最小の c–e 道を 2 重化すれば，郵便配達員閉歩道が得られることになる．

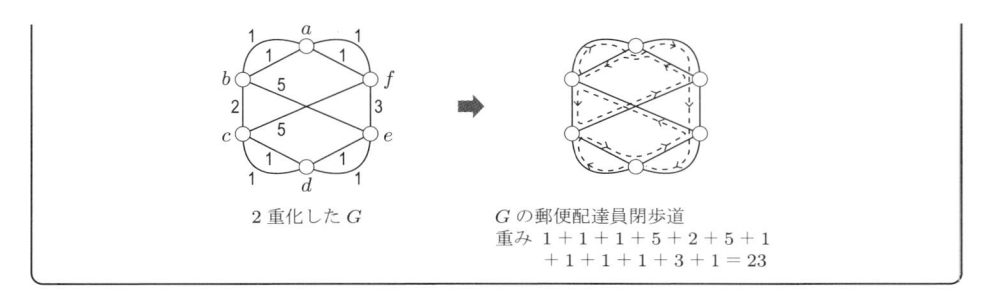

2重化した G

G の郵便配達員閉歩道
重み $1+1+1+5+2+5+1$
$+1+1+1+3+1=23$

5.3 2部グラフのマッチング

世界各国から様々な言語を話すパイロットとナビゲータが，おのおの複数人集まってきた．同じ言語が話せるパイロットとナビゲータのペアで飛行機を運航したい．このとき，同時にペアの組めるパイロットとナビゲータの組合せをなるべく多くしたい．これは，パイロットの集合とナビゲータの集合からなる2部グラフの最大マッチングを求めることにほかならない（図 5.6）．

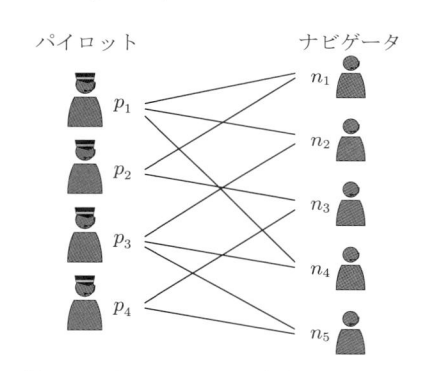

図 5.6 パイロットとナビゲータの関係図

例題 5.6（パイロットとナビゲータのペアを求める）
図 5.6 のグラフの最大マッチングを求め，パイロットとナビゲータのペアを決めよ．
解 図のとおり．p_1 と n_1，p_2 と n_3，p_3 と n_4，p_4 と n_5 のペアである．

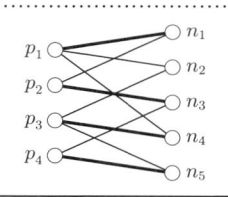

2部グラフのマッチングに関しては次のような結果が得られている．

定理 5.4
G を部集合として V_1 と V_2 をもつ 2 部グラフとする.V_1 のすべての頂点を飽和するマッチングが存在するための必要十分条件は,V_1 の任意の部分集合 S について,$|S| \leq |N(S)|$ が成立することである.ここで,$S \subseteq V(G)$ に対して,$N(S) = \{v \in V(G) ; v \text{ は } S \text{ のいずれかの頂点と隣接している}\}$ である.

例題 5.7(S と $N(S)$ の比較)
次のグラフ G において $S = \{a, b, c\}$ に対して $N(S)$ を求め,S と $N(S)$ の大きさを比較せよ.また,H において $S = \{b, c, d\}$ に関する $N(S)$ を求め,S と $N(S)$ の大きさを比較せよ.

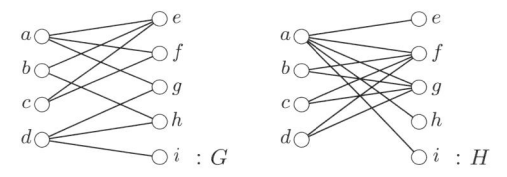

解 G において $S = \{a, b, c\}$ に対して,$N(S) = \{e, f, g, h\}$ であり,$|S| \leq |N(S)|$ である.H において $S = \{b, c, d\}$ に対して,$N(S) = \{f, g\}$ であり,$|S| > |N(S)|$ である.

定理 5.4 より次の結果が得られている

定理 5.5 正則 2 部グラフには完全マッチングが存在する.

証明 G を部集合として V_1 と V_2 をもつ k-正則 2 部グラフとする.G が k-正則 2 部グラフであるので,$k|V_1| = |E(G)| = k|V_2|$ が成立し,$|V_1| = |V_2|$ が成立する.また,マッチングの辺により V_1 の頂点 1 個に対して,V_2 の頂点 1 個が対応している.したがって,$|V_1| = |V_2|$ であるので,V_1 の頂点をすべて飽和するマッチングが存在すれば,完全マッチングとなる.

$S \subseteq V_1$ に対して,E_S で S の頂点に接続している辺全体の集合を,$E_{N(S)}$ で $N(S)$ の頂点に接続している辺全体の集合を表す.S の頂点に接続している辺は,S の頂点と $N(S)$ の頂点を結ぶ辺である.したがって,E_S の各辺は,$N(S)$ の頂点に接続する辺であり,$E_S \subseteq E_{N(S)}$ が成立する.S の各頂点には k 本の辺が接続している.また,$S \subseteq V_1$ より,E_S の辺は,S の頂点同士を結んでいない.したがって,$|E_S| = k|S|$ となる.同様に,$|E_{N(S)}| = k|N(S)|$ である.

$E_S \subseteq E_{N(S)}$ より,$|E_S| \leq |E_{N(S)}|$ であるので,$k|S| = |E_S| \leq |E_{N(S)}| \leq k|N(S)|$ となり,$|S| \leq |N(S)|$ が成立する.したがって,定理 5.4 より,V_1 の頂点をすべて飽和するマッチングが存在することがいえ,前述の注意点を考えると,このマッチングは完全マッチングであることがわかる.よって,完全マッチングの存在が示せた. □

正則 2 部グラフから完全マッチングを除いたグラフは,再び正則 2 部グラフとなることを考えると,次の結果が得られる.

定理 5.6 正則2部グラフの辺集合は完全マッチングに分割できる．

例題 5.8（完全マッチングへの分割）

次の正則2部グラフ G および $K_{4,4}$ を完全マッチングに分割せよ．

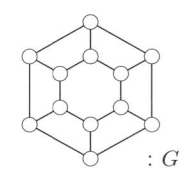

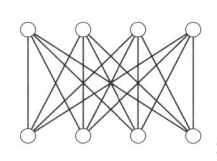

解 G は3-正則2部グラフであるので，定理5.5より完全マッチングが存在する．たとえば M_1 が G の完全マッチングである．$G - M_1$ は右図のような2-正則2部グラフである．

$G - M_1$ は2個の完全マッチング M_2, M_3 に分割できる．したがって，次のような G の完全マッチングへの分割が得られる．

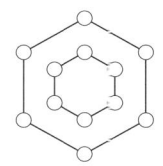

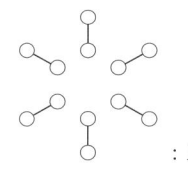

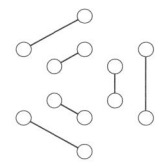

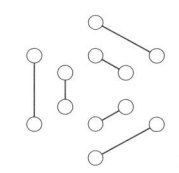

$K_{4,4}$ は4-正則2部グラフであるので，完全マッチング M_1 をもつ．$K_{4,4} - M_1$ が3-正則2部グラフであり，$K_{4,4} - (M_1 \cup M_2)$ が2-正則2部グラフであるので，次のような4個の完全マッチングへの $E(K_{4,4})$ の分割が得られる．

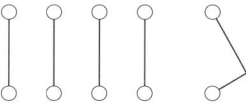

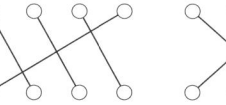

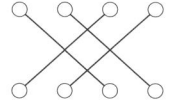

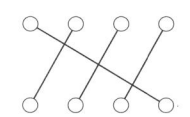

2部グラフの最大マッチングを求めるアルゴリズムとしては次のようなものがある．

アルゴリズム 5.1 2部グラフの最大マッチングを求める

入力：部集合として $V_1 = \{u_1, u_2, \ldots, u_m\}$ と $V_2 = \{v_1, v_2, \ldots, v_n\}$ をもつ2部グラフ G とマッチング M（$M = \emptyset$ としてもよい）

出力：G の最大マッチング

step.1 M によって飽和されていない V_1 の頂点すべてにラベル $*$ をつける．

step.2 次の step.3 と step.4 を実行できなくなるまで繰り返す．実行できなくなったら step.5 へいく．step.3 を実行するとき，一つ前の step において

新しくラベル付けられた頂点が複数あるときは，各 V_i 内の頂点のインデックスの小さい順に step.3 の操作をおこなう．

- **step.3** V_1 の頂点で一つ前の step（step.1 あるいは step.4）において新しくラベル付けされた頂点 u_i と M に含まれない辺で接続している V_2 の頂点 v_j にラベル (u_i) をつける．
- **step.4** V_2 の頂点で一つ前の step（step.3）において新しくラベル付けされた頂点 v_j と M の辺で接続している V_1 の頂点 u_k にラベル (v_j) をつける．
- **step.5** V_2 の頂点で M の辺と接続していなくて，ラベルのついている頂点（そのような頂点が複数あるときは，インデックスの最も小さい頂点を選択する．その頂点を**選択頂点**とよぶ）を探す．そのような頂点がなければ，終了．
- **step.6** step.5 で見つけた V_2 の選択頂点 v_j から，v_j につけられたラベルの頂点 u_i へいく．頂点 u_i から，u_i につけられたラベルの頂点へいく．以下この操作をラベル $*$ の頂点に遡るまで続ける．遡る際に利用した道 $P : v_j u_i v_{j_1} u_{i_1} \cdots$ は M-増大道である．
- **step.7** M-増大道 P 上の M の辺と $V(G) - M$ の辺を交換し，P 上にない M の辺と合わせて，新たなマッチング M' をつくる．
- **step.8** M' を M に置き換えて step.1 へ戻る．

例題 5.9 （2 部グラフの最大マッチングを求める）

次の 2 部グラフ G にアルゴリズム 5.1 を適用せよ．ここで，$M = \{u_1 v_2, u_3 v_3\}$ である．

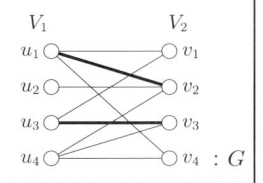

解 アルゴリズム 5.1 を適用して，各頂点にラベルをつけ，選択頂点を求め，マッチングを修正していく．

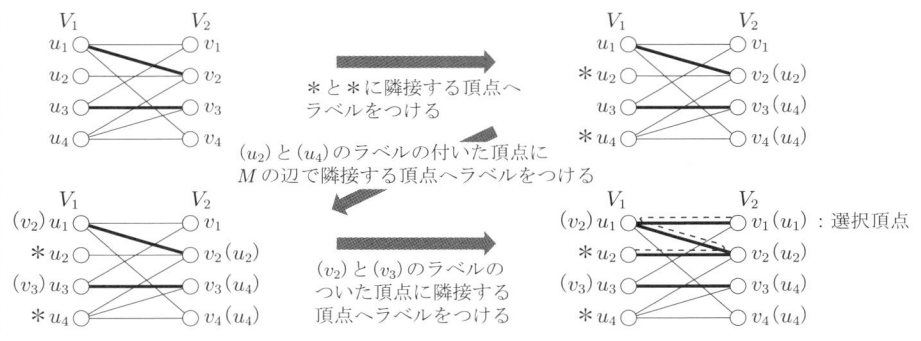

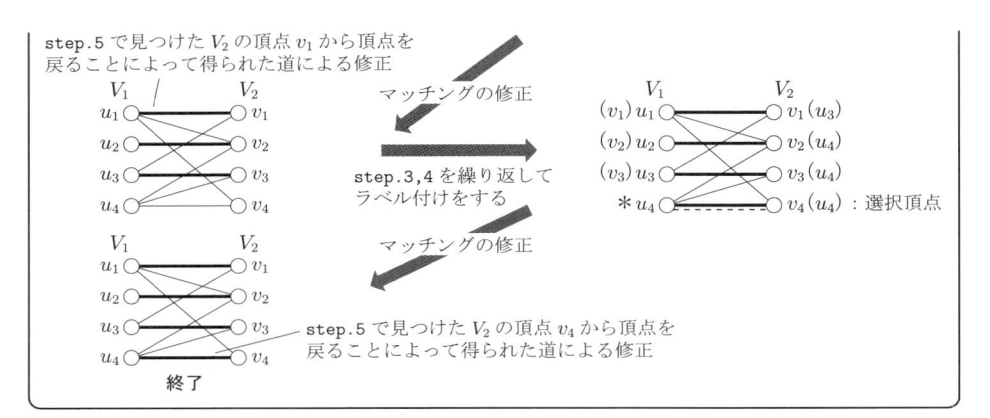

step.5 で見つけた V_2 の頂点 v_1 から頂点を戻ることによって得られた道による修正

マッチングの修正

step.3,4 を繰り返してラベル付けをする

マッチングの修正

step.5 で見つけた V_2 の頂点 v_4 から頂点を戻ることによって得られた道による修正

終了

例題 5.10（2部グラフの最大マッチングを求める）

右図の2部グラフ G にアルゴリズム 5.1 を適用せよ．ただし，$M = \emptyset$ とする．

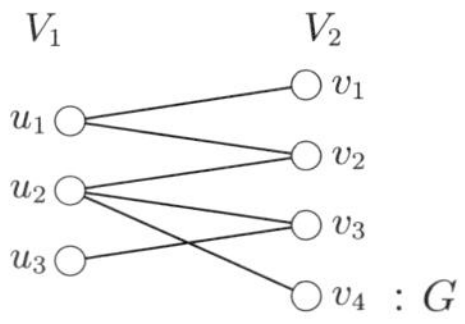

解 $M = \emptyset$（常に存在するマッチング）から始め，アルゴリズム 5.1 を適用して最大マッチングを求める．

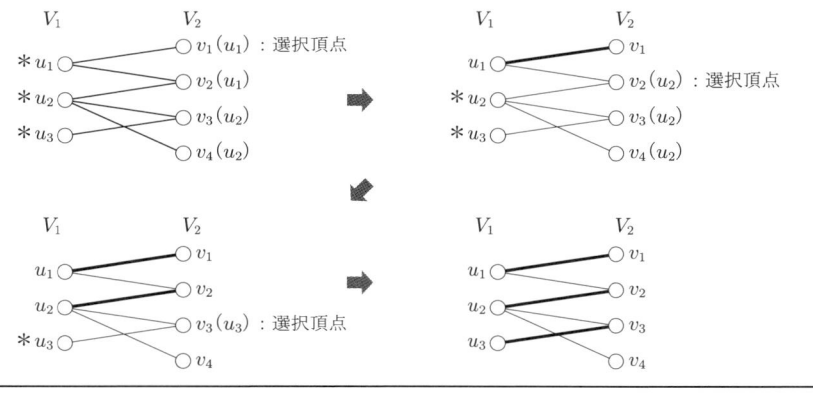

第 5 章のおわりに

　第 5 章では，マッチングについて学んだ．ここでは，マッチングによるグラフの辺集合の分割と基本的なアルゴリズムを紹介した．2 部グラフの最大マッチングを求める方法としては，第 4 章で学んだネットワークの手法を利用するものもある．また，必ずしも 2 部グラフとは限らない一般のグラフに対しても，その最大マッチングを求めるアルゴリズムが，エドモンズらによって与えられている．第 3 章で扱った郵便配達員問題において，いかに最適な奇点の組合せを見つけるかという問題は，奇点の組合せより，重み付き完全グラフを構成し，重み最小のマッチングを求めることにより解決できる．重み最小のマッチングの求め方については [1] を参照してほしい．

　また，辺彩色はグラフのマッチングへの分解とみなせる．したがって，チームごとに試合数が異なるリーグ戦におけるスケジュールはリーグ戦に対応するグラフの辺彩色を考えると作成できることになる．スポーツの対戦スケジュールでは，ホームとアウェイのゲームのバランス，特定のチームとの試合間隔などのスケジュール全体の平均化を図るという側面からの研究もされている．

演習問題 5

▶ 5.2 最大マッチング

5.1 次のグラフ G において $M = \{ab, ac, ef\}$ はマッチングであるか.

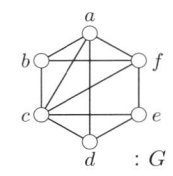

5.2 次のグラフ $K_{3,3}$, C_5 には完全マッチングが存在するか.

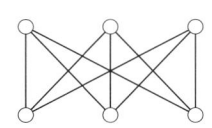

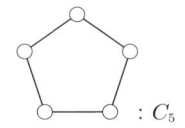

5.3 K_4 の辺集合を完全マッチングへ分割せよ.

5.4 K_7 に完全マッチングが存在するか.

5.5 K_3 の辺集合の最大マッチングへの分割を求めよ.

5.6 (1) 次のグラフ G のマッチング $M = \{ba, ci, jg, de\}$ に関する増大道は存在するか.

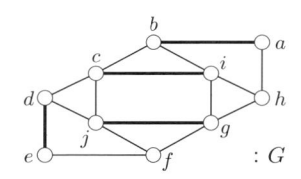

(2) グラフ G の交互閉路を求めよ.

(3) グラフ G のマッチングを修正して最大マッチングを求めよ.

5.7 C_n の完全マッチングの個数を求めよ.

5.8 最大次数 ($\Delta(G)$) 個のマッチングに辺集合が分割できないグラフの例を一つ挙げよ.

▶ 5.3 2部グラフのマッチング

5.9 次の2部グラフ G において $M = \{af, bf, cg\}$ はマッチングであるか.

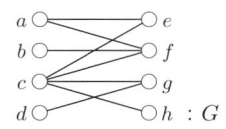

5.10 次の 2 部グラフ $K_{4,2}$ の辺集合の最大マッチングへの分割を求めよ．

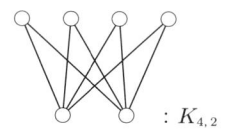

$: K_{4,2}$

5.11 次の 2 部グラフ G, H のおのおのには，それぞれ V_1 の頂点をすべて飽和するマッチングは存在するか．

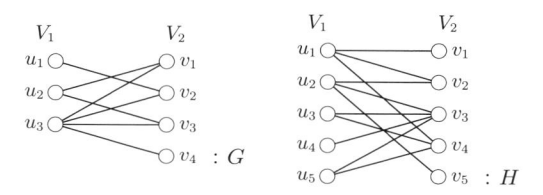

$: G$ $: H$

5.12 $K_{3,3}$ の辺集合の完全マッチングへ分割を求めよ．

5.13 r-正則 2 部グラフの辺集合は r 個の完全マッチングに分解できるか．

5.14 次の 2 部グラフにアルゴリズム 5.1 を用いて最大マッチングを求めよ．ここで，$M = \{u_1v_2, u_3v_4\}$ である．

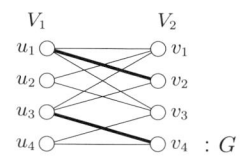

$: G$

第6章 平面的グラフ

グラフは離散的な対象のモデルとしてだけでなく，それ自体が幾何学的対象としても扱われている．たとえば，頂点を点，辺を線分として表現されたグラフを，様々な曲面の上に辺の交差なく描くことができるかどうかは基本的な問題である．とくに，平面上に辺の交差なく描けるグラフを平面的グラフとよぶ．

本章では，平面的グラフの基礎概念を学ぶ．

6.1 幾何学的にグラフを捉える

家電製品やコンピュータなどの電子機器で使用されるプリント基板は，配線を印刷（プリント）することで作製される．このとき，配線に交差がないように設計するか，交差が生じるときには，複数回の印刷による多層プリント基板の作成が必要となる．そのため，どのような回路なら交差なく配線することが可能であり，それができない場合は最低何層の多層プリント基板になるのかを知る必要がある．

このような場合，対応するグラフの平面的（位相幾何学的）な特徴を捉えることが有用である．様々な曲面上のグラフがこの分野の対象であるが，平面上のグラフが最も早くから，また最も多くの側面から研究されてきた．

6.2 平面的グラフ

定義 6.1（平面的グラフ） グラフ G が平面に辺の交差なしで描けるとき，G は**平面的グラフ**，そうでないとき**非平面的グラフ**とよばれる．すなわち，非平面的グラフとは，どのように平面に描いても辺の交差が生じてしまうグラフのことである．平面的グラフ G の辺の交差のない描画を G の**平面表現**といい，平面表現されたグラフを**平面グラフ**とよぶ． □

▷**例 6.1** 完全グラフ K_4 と立方体 Q_3 の平面表現を図 6.1 に示す．

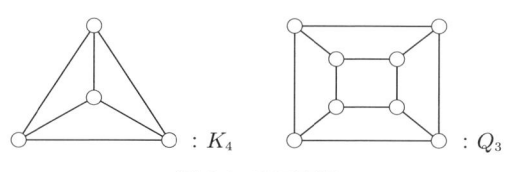

図 6.1 平面表現

例題 6.1（平面的グラフの判定）

次のグラフの中で，平面的グラフはどれか．また，平面的グラフに対してはその平面表現を求めよ．

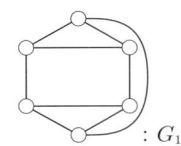

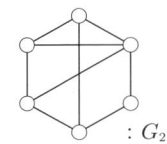

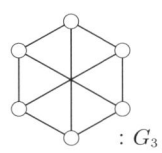

解 G_1 は平面的グラフであり，G_1 の表現が平面表現である．G_2 は平面的グラフであり，右図が G_2 の平面表現である．G_3 は平面的グラフではない．

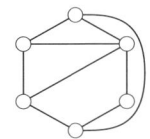

定義 6.2（平面グラフの領域） 平面から平面グラフを取り除いてできる平面の連結な断片を**領域**あるいは**面**とよぶ．平面グラフの領域は，一つを除いてその面積は有限である．面積が有限ではない領域を，その平面グラフの**外領域**とよぶ．領域の周囲の辺と頂点で構成される部分グラフを，その領域の**境界**とよぶ．領域の内側に沿って領域を 1 周したときの境界の辺の数が i であるとき，その領域を i-**辺形**という（図 6.2 参照）．なお，このとき，橋は 2 回数えられる．

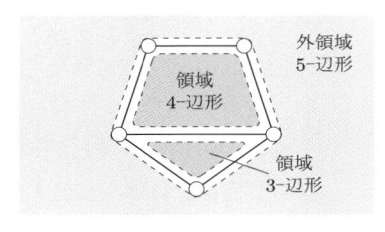

図 6.2　領域

▷**例 6.2** 図 6.3 の平面グラフ G において，領域 F_1 は外領域で 6-辺形，領域 F_2 は 9-辺形，領域 F_3 は 3-辺形である．

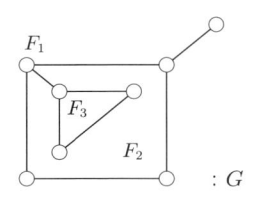

図 6.3　F_1, F_2, F_3 は領域

例題 6.2 （領域を考える）

右図のグラフ G の位数，サイズ，領域数，3-辺形数，4-辺形数，5-辺形数を求めよ．

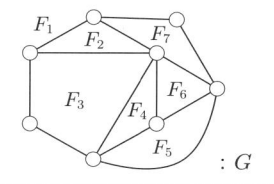

解 G の位数は 8，サイズは 13，領域数は 7 である．3-辺形は F_2, F_4, F_5, F_6 の四つ，4-辺形は F_3, F_7 の二つ，5-辺形は存在しない．また，外領域 F_1 は 6-辺形である．

次の定理は平面グラフの基本的性質を示している．

定理 6.1 （オイラーの公式）
G を連結な平面グラフとする．G の位数（頂点数），サイズ（辺数），領域数をそれぞれ p, q, r とするとき，次のオイラーの公式が成立する．
$$p - q + r = 2$$

▷**例 6.3** 図 6.4 の平面グラフ G において，位数 $p = 20$, サイズ $q = 30$, 領域数 $r = 12$ であり，$p - q + r = 20 - 30 + 12 = 2$ である．

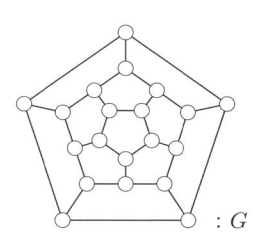

図 6.4 オイラーの公式

系 6.1
G を位数 p, サイズ q の連結グラフとする．このとき，G が平面的グラフならば次の不等式が成立する．
$$q \leq 3p - 6$$

証明 G を位数 p, サイズ q の連結グラフとする．G の i-辺形の数を r_i とおくと，領域数 r は，$r = r_3 + r_4 + \cdots$ である．G の各領域の境界の辺数の総和を s とおくと，$s = 3r_3 + 4r_4 + \cdots$ となる．

このとき，橋ではない辺は領域の境界として両側で数えられ，橋はそれを含む領域の境界として 2 回数えられている．したがって，境界上の辺数の総和 s において，辺は 2 度ずつ数えら

れるから $s=2q$ である．よって，$2q=s=3r_3+4r_4+\cdots$ である．ここで，$3r_3+4r_4+\cdots \geq 3(r_3+r_4+\cdots)=3r$ であるので，$2q \geq 3r$，すなわち $\frac{2}{3}q \geq r$ を得る．この不等式をオイラーの公式 $p-q+r=2$ に代入して，$p-q+\frac{2}{3}q \geq 2$ を得る．これより $q \leq 3p-6$ を得る． □

定義 6.3（三角形分割） 平面的グラフ G のすべての面が 3-辺形であるとき，G を**三角形分割**という． □

三角形分割 G の位数を p，サイズを q とすると，$q=3p-6$ が成立する．すなわち，頂点数 p でサイズ最大の平面的グラフが三角形分割である（図 6.5）．

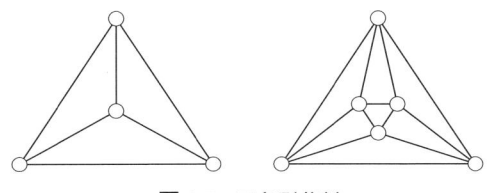

図 6.5 三角形分割

▶**注 6.1** 三角形分割はどの非隣接点を辺で結んでも非平面グラフとなる．この性質により，三角形分割を平面表現としてもつ平面的グラフは，**極大平面的グラフ**とよばれている．

系 6.2 K_5 は非平面的グラフである．

証明 K_5 が平面的とすると，系 6.1 が成立する．しかしながら，K_5 の位数は 5 であり，サイズは 10 であるので，$3p-6=3\times 5-6=9<10=q$ であるので，系 6.1 に反してしまう．したがって，K_5 は非平面的グラフである． □

▶**注 6.2** 平面グラフの部分グラフもまた平面グラフである．

系 6.3 位数 5 以下のグラフは，K_5 を除いてすべて平面的グラフである．すなわち，K_5 は位数最小の非平面的グラフである．

証明 K_5 より辺を 1 本除いたグラフ K_5-e は，図 6.6 のような平面表現をもつ．$\{v_2,v_3,v_4,v_5\}$ に関する誘導部分グラフは完全グラフ K_4 である．したがって，位数 4 以下のグラフは，すべて $\{v_2,v_3,v_4,v_5\}$ に関する誘導部分グラフの部分グラフであり，平面グラフ K_5-e の部分グラフである．したがって，注 6.2 より平面的グラフの部分グラフもまた平面的グラフであるので，位数 4 以下のグラフはすべて平面的グラフである．また，位数 5，サイズ 9 以下の

グラフは，$K_5 - e$ の部分グラフであるので，注 6.2 より平面的グラフである．

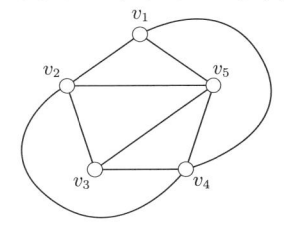

図 6.6 $K_5 - e$ の平面表現

系 6.4 すべての平面的グラフの最小次数は 5 以下である．

証明 G を位数 p，サイズ q の平面的グラフとする．G の最小次数が 6 以上であるとする．定理 1.1 より，

$$2q = \sum_{v \in V(G)} d_G(v) \geq \sum_{v \in V(G)} 6 = 6p$$

となり，$q \geq 3p$ を得る．これは，系 6.1 の $q \leq 3p - 6$ に反する．したがって，G には，次数 5 以下の頂点が存在する． □

系 6.5 G を位数 p，サイズ q の連結グラフとする．このとき，G が 3-辺形を含まない平面的グラフならば，$q \leq 2p - 4$ が成立する．

証明 G の i-辺形の数を r_i とおくと，G が 3-辺形を含まないことから，G の領域数 r は，$r = r_4 + r_5 + \cdots$ となる．また，G の各領域の境界の辺数の総和を s とおくと，$s = 4r_4 + 5r_5 + \cdots$ となる．

このとき，橋ではない辺は領域の境界として両側で数えられ，橋はそれを含む領域の境界として 2 回数えられている．したがって，各辺は 2 度ずつ数えられるから $s = 2q$ である．ここで，$4r_4 + 5r_5 + \cdots \geq 4(r_4 + r_5 + \cdots) = 4r$ であるので，$2q \geq 4r$，すなわち $\frac{1}{2}q \geq r$ を得る．この不等式をオイラーの公式 $p - q + r = 2$ に代入して，$p - q + \frac{1}{2}q \geq 2$ を得る．これより $q \leq 2p - 4$ を得る． □

系 6.6 $K_{3,3}$ は非平面的グラフである．

証明 $K_{3,3}$ が平面的とすると，$K_{3,3}$ が 3-辺形を含まないことより，$q \leq 2p - 4$ が成立する．しかしながら，$K_{3,3}$ の位数は 6 でサイズが 9 であるので，$2p - 4 = 2 \times 6 - 4 = 8 < 9 = q$ が成立し，矛盾が生じてしまう．したがって，$K_{3,3}$ は非平面的グラフである． □

定義 6.4（細分） グラフ G の辺 $e = uv$ を頂点 u と頂点 v を結ぶ道に置き換える操作を辺 e の細分とよび，G のいくつかの辺に細分を施すことによって得られるグラフを G の細分とよぶ． □

▷**例 6.4** 図 6.7 のグラフ H_1，H_2 は G の細分である．

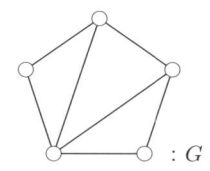

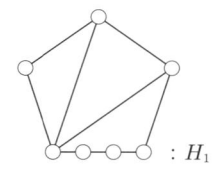

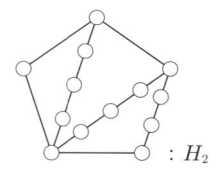

図 6.7 グラフの細分

▶**注 6.3** G の細分が平面的であるための必要十分条件は，G が平面的であることである．

定義 6.5（同相） 二つのグラフ G と H が同じグラフの細分となっているとき，G と H は同相であるという． □

任意の非平面的グラフに含まれている部分グラフ（極小な非平面的グラフ）を見つけることができれば，平面的グラフの特徴付けを与えることになる．すなわち，それらを含まないグラフが平面的グラフである．クラトフスキーは，K_5 と同相な部分グラフと $K_{3,3}$ と同相な部分グラフが極小な非平面的グラフであることを示した．

定理 6.2（クラトフスキー） G が平面的グラフであるための必要十分条件は，G が K_5 と同相な部分グラフも $K_{3,3}$ と同相な部分グラフも含まないことである．

例題 6.3（同相な部分グラフ）

ペテルセングラフに $K_{3,3}$ と同相な部分グラフが存在するか．

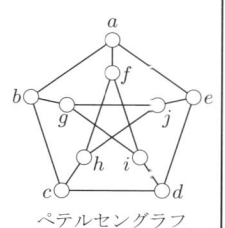

ペテルセングラフ

解 $K_{3,3}$ は 3 頂点と 3 頂点の二つの組からなり，同一の組の頂点とは隣接せずほかの組の頂点とはすべて隣接しているグラフである．

次図の H は，ペテルセングラフの部分グラフである．また，同相性を考えるとき次数 2 の頂点は単なる通過点と考えることができる．つまり，道 bgi は頂点 b と頂点 i を結ぶ

辺とみなせるのである．このことを考えると，H は $\{a, h, i\}$ の互いに隣接しない3頂点と $\{b, f, e\}$ の互いに隣接しない3頂点からなる $K_{3,3}$ と同相であることがわかる．

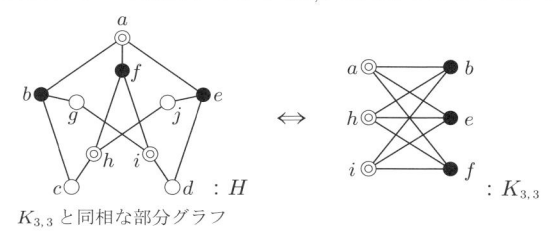

グラフの平面上への描画については，次の結果がある．

定理 6.3 ループや多重辺を含まない平面的グラフは，平面上にすべての辺がほかの辺と交わらないように直線で描くことができる．

▷**例 6.5** 図 6.8 のグラフ G は頂点の配置を移動して，各辺が直線かつ交わらないように描ける．

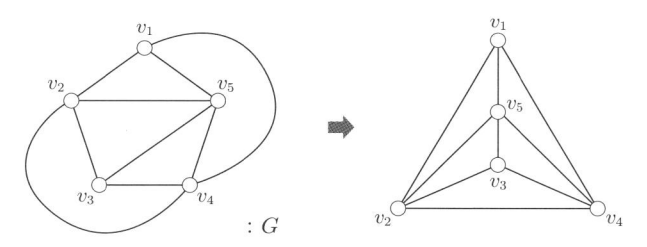

図 6.8 平面的グラフを各辺が交わらないように直線で描く

6.3 多面体グラフと厚さ

定義 6.6（プラトングラフ） 同じ正多角形で囲まれた立体を**正多面体**という．正多面体は，どの面を延長してもその多面体の内部を切ることがないとき，**凸正多面体**とよばれる．凸正多面体を平面に射影して得られる平面グラフを**凸正多面体グラフ**，あるいは**プラトングラフ**とよぶ．プラトングラフは各領域の境界が同一の辺数をもつ，正則な平面グラフである． □

▷**注 6.4** 凸正多面体の一つの頂点のまわりの辺の数は3以上であり，一つの凸正多面体に含まれるすべての頂点に対して，頂点のまわりの辺の数は一定である．

定理 6.4 プラトングラフは 5 種類存在し，それらの領域数は 4, 6, 8, 12, 20 である．

プラトングラフは，各領域の境界が同一のサイズをもつ正則グラフである．したがって，平面グラフにおけるオイラーの公式，握手補題（定理 1.1）などを利用すると，位数，サイズ，領域数の間に一定の制限がつけられる．それらの制限を利用することによりプラトングラフを求めることが，以下の証明の基本的な考えである．

定理 6.4 の証明 G をプラトングラフとし，その位数，サイズ，領域数をそれぞれ p, q, r とする．また，G の各面を i-辺形とし，G は j-正則グラフとする．このとき，$i, j \geq 3$ である．各領域のまわりで辺を数えることにより，等式 $2q = ir$ を得る．また，定理 1.1 から等式 $2q = jp$ を得る．オイラーの公式の両辺を ij 倍して，$pij - qij + rij = 2ij$ を得る．この等式に $2q = ir$ および $2q = jp$ を代入すると，$2qi - qij + 2qj = 2ij$，すなわち，$q(2i + 2j - ij) = 2ij$ を得る．$q, 2ij$ がともに正であるから $2i + 2j - ij$ も正でなければいけない．$2i + 2j - ij > 0$ より，$4 - (2i + 2j - ij) = ij - 2i - 2j + 4 = (i-2)(j-2) < 4$ である．i, j がともに整数で，$i, j \geq 3$ であることに注意すると，不等式 $(i-2)(j-2) < 4$ を満たす (i, j) は $(3,3)$, $(3,4)$, $(3,5)$, $(4,3)$, $(5,3)$ の 5 組であることがわかる．これらに対応する (p, q, r) がそれぞれ $(4,6,4)$, $(6,12,8)$, $(12,30,20)$, $(8,12,6)$, $(20,30,12)$ となることが次のように求まる．

- $(3,3)$：$2q = 3r = 3p$ より，$r = p$, $q = \frac{3}{2}p$．よって，オイラーの公式より
$$p - \frac{3}{2}p + p = 2 \text{ となり, } p = 4, \ q = 6, \ r = 4.$$

- $(3,4)$：$2q = 3r = 4p$ より，$r = \frac{4}{3}p$, $q = 2p$．よって，オイラーの公式より
$$p - 2p + \frac{4}{3}p = 2 \text{ となり, } p = 6, \ q = 12, \ r = 8.$$

- $(3,5)$：$2q = 3r = 5p$ より，$r = \frac{5}{3}p$, $q = \frac{5}{2}p$．よって，オイラーの公式より
$$p - \frac{5}{2}p + \frac{5}{3}p = 2 \text{ となり, } p = 12, \ q = 30, \ r = 20.$$

- $(4,3)$：$2q = 4r = 3p$ より，$r = \frac{3}{4}p$, $q = \frac{3}{2}p$．よって，オイラーの公式より
$$p - \frac{3}{2}p + \frac{3}{4}p = 2 \text{ となり, } p = 8, \ q = 12, \ r = 6.$$

- $(5,3)$：$2q = 5r = 3p$ より，$r = \frac{3}{5}p$, $q = \frac{3}{2}p$．よって，オイラーの公式より
$$p - \frac{3}{2}p + \frac{3}{5}p = 2 \text{ となり, } p = 20, \ q = 30, \ r = 12.$$

これらは各面が三角形の正 4 面体，正 8 面体，正 20 面体，および各面が四角形の正 6 面体，各面が五角形の正 12 面体に対応する． □

実際，凸正多面体が図 6.9 の 5 種類しかないことは，古代ギリシアの人々が二千年

6.3 多面体グラフと厚さ

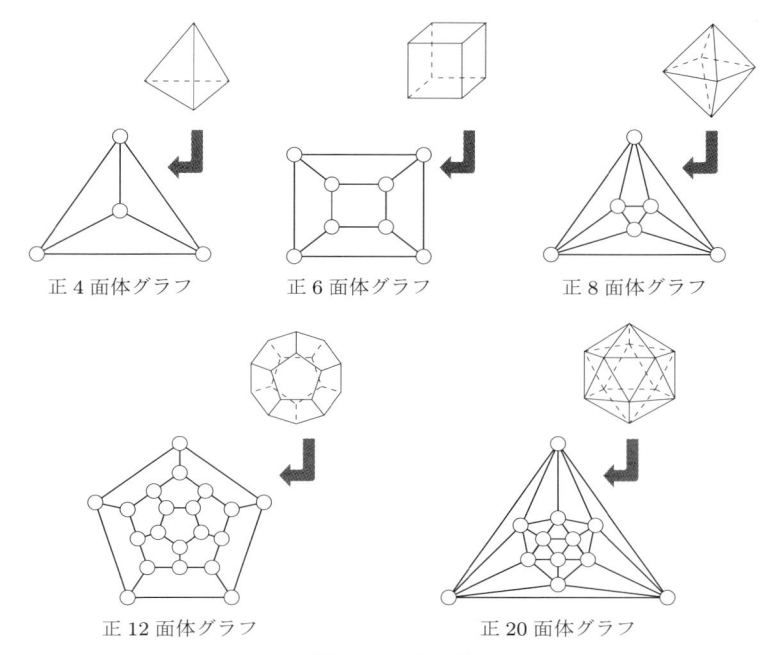

図 6.9 正多面体

以上前に知っていた事実であるが，ここではグラフ理論によって簡潔に証明することができた．

最後にグラフの平面的グラフへの分解について紹介する．これは，平面的ではない配線図をいくつかの平面的グラフに分解して多層プリント基板の各層を印刷するという過程に利用される．このような平面的グラフへの分解に関する一つの指標が，次に定義する「厚さ」である．

定義 6.7（厚さ） グラフ G を構成するために必要な平面的グラフの最小数を，G の**厚さ**といい，$t(G)$ で表す． □

▶**注 6.5** (1) グラフが平面的であるならば，$t(G) = 1$ である．
 (2) グラフが非平面的であるならば，$t(G) \geq 2$ である．

▷**例 6.6** $K_{3,3}$ は平面的グラフではないので，$t(K_{3,3}) \geq 2$ となる．$K_{3,3}$ は次のように二つの平面的グラフに分解できるため，$t(K_{3,3}) = 2$ であることがわかる．

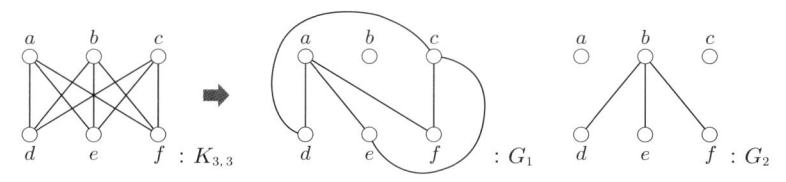

図 6.10　$K_{3,3}$ の平面的グラフへの分解

例題 6.4（厚さを求める）

$t(K_4)$, $t(K_5)$ を求めよ．

解　K_4 は平面的グラフであるので，$t(K_4) = 1$ である．K_5 は平面的グラフではないので，$t(K_5) \geq 2$ である．また，K_5 は次のように二つの平面的グラフに分解できるため，$t(K_5) = 2$ となる．

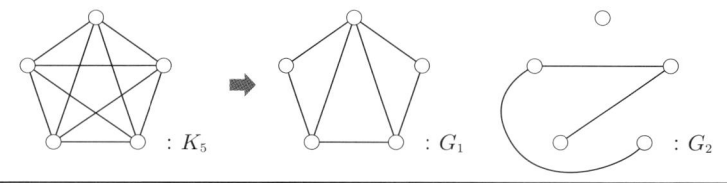

$t(G)$ の下界を与える次のような結果がある．

定理 6.5　位数 $p \geq 3$，サイズ q の連結グラフ G に対して，次の不等式が成立する．
$$t(G) \geq \frac{q}{3p-6}$$

証明　G が $t(G)$ 個の平面的グラフ $G_1, G_2, \ldots, G_{t(G)}$ から構成されるとする．このとき，

$$|E(G_i)| \leq 3|V(G_i)| - 6 \leq 3|V(G)| - 6 \quad (i = 1, 2, \ldots, t(G))$$

であるので，

$$q = |E(G)| = \sum_{i=1}^{t(G)} |E(G_i)|$$
$$\leq \sum_{i=1}^{t(G)} (3|V(G_i)| - 6)$$
$$\leq \sum_{i=1}^{t(G)} (3|V(G)| - 6)$$
$$= t(G) \times (3|V(G)| - 6) = t(G)(3p - 6)$$

となり，定理が成立する．　□

第6章のおわりに

　第6章では，平面的グラフについて学んだ．平面的グラフの研究は，彩色問題と密接に関連して発展してきた．4色問題は，1976年にアッペルとハーケンによって，膨大な場合分けとコンピュータを用いた各ケースの検証により証明された．数学上の有名な問題が計算機を利用して解かれた例として注目を集めた．彩色に関しては本書では扱っていないが，様々な側面から研究されている．

　平面のみならず，トーラスや射影平面などの様々な曲面上に辺の交差なく描かれたグラフの性質を研究対象とする幾何学的グラフ理論は，活発な研究がおこなわれ，グラフ理論の一分野を形成している．

　平面性の判定は，クラトフスキーの定理によって可能となり，ホップクロフトとタージャンにより判定のための効率的なアルゴリズムが与えられている．詳細について [1] を参照してほしい．

演習問題6

6.2 平面的グラフ

6.1 次の各グラフは平面的グラフであるか.

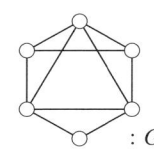

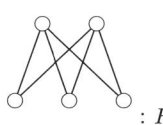

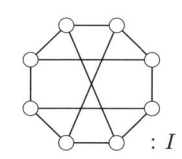

:G   :H   :I

6.2 (1) 次の平面グラフの領域数を求めよ.

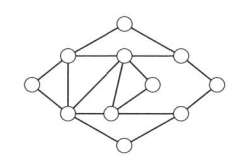

(2) (1) のグラフの 3-辺形数, 4-辺形数, 5-辺形数を求めよ.

6.3 位数 10 の 3-正則グラフで平面的グラフとなるものを一つ挙げよ.

6.4 K_n が平面的グラフとなるための n の条件を求めよ.

6.5 $K_{m,n}$ が平面的グラフとなるための m, n の条件を求めよ.

6.6 位数 5 でサイズが 9 である平面的グラフを一つ挙げよ.

6.7 位数 6 でサイズが 8 の平面的グラフで 3-辺形を含まないものを一つ挙げよ.

6.8 次のグラフに K_5 と同相な部分グラフが存在するか.

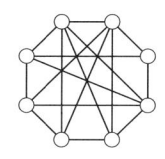

6.9 次の平面グラフの辺をすべて直線で示した平面表現を求めよ.

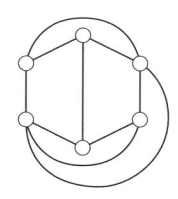

6.3 多面体グラフと厚さ

6.10 正 4 面体グラフ, 正 6 面体グラフ, 正 8 面体グラフ, 正 12 面体グラフ, 正 20 面体グラフのおのおのに対して, 各頂点の次数を求めよ.

6.11 次の各グラフの厚さを求めよ．

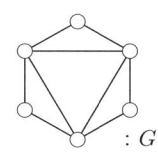

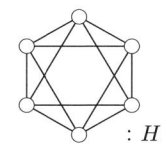

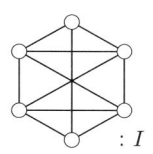

$:G$　　　$:H$　　　$:I$

6.12 $t(K_6)$ を求めよ．

6.13 $t(K_{2,3})$, $t(K_{3,4})$ を求めよ．

6.14 $t(K_p) \geq \dfrac{p(p-1)}{6(p-2)}$ $(p \geq 3)$ を示せ．

6.15 位数 $p \geq 3$, サイズ q の連結で 3-辺形を含まないグラフ G に対して，$t(G) \geq \dfrac{q}{2p-4}$ が成立することを示せ．

6.16 $t(K_{m,n}) \geq \dfrac{mn}{2(m+n)-4}$ を示せ．

演習問題解答

第1章

1.1 (1) G の位数は 8，サイズは 7．

(2) 辺 ad があるので，頂点 a と d は隣接している．辺 ah が G にはないので，頂点 a と h は隣接していない．頂点 b の近傍 $N_G(b)$ は $\{a, f\}$ である．

(3) 辺 bf の端点は頂点 b と f である．頂点 g に接続している辺は ge, gf の 2 本である．

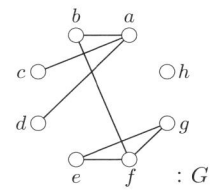

1.2 (1) D の位数は 5，サイズは 7．

(2) 弧 (a, c) の始点は頂点 a，終点は頂点 c．

(3) 頂点 b を始点とする弧は $b \to e$, $b \to c$ の 2 本，頂点 e を終点とする弧は $b \to e$, $c \to e$, $d \to e$ の 3 本．

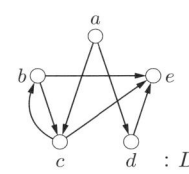

1.3 (1) ループは e_2． (2) e_{10}, e_{11} が多重辺．

(3) a, b, c, d, e が C_5 を形成するので，C_5 を G は部分グラフとして含む．

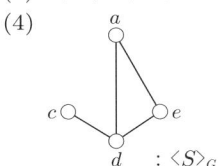

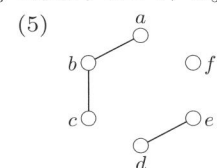

(4) (5)

(6) $\{a, d, e\}$：大きさ 3 のクリーク

1.4 次の 6 個．

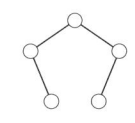

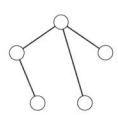

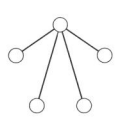

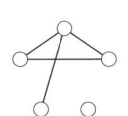

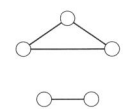

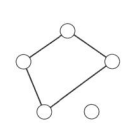

1.5 K_4 の位数は 4，サイズは 6，$K_{2,4}$ の位数は 6，サイズは 8，$K_{2,2,3}$ の位数は 7，サイズは 16，P_6 の位数は 6，サイズは 5，C_6 の位数は 6，サイズは 6．

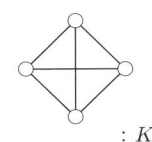

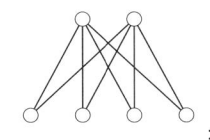

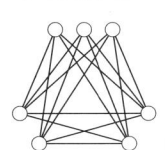

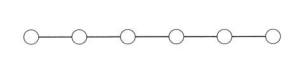

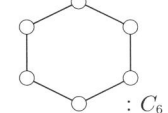

1.6 $K_{m,n,s}$ の位数は $m+n+s$, サイズは $mn+ms+ns$, P_n の位数は n, サイズは $n-1$, C_n の位数は n, サイズは n.

1.7 $d_G(a)=6$, $d_G(b)=3$, $d_G(c)=3$, $\Delta(G)=6$, $\delta(G)=2$.

1.8

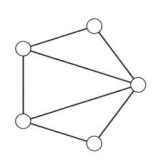

1.9 次数は隣接点の個数を表しているので, $0 \le d_G(v)$ となる. また, グラフにおいて自分自身以外のすべての頂点と隣接しているときが, 隣接点を最も多くもつので, 位数 p のグラフ G に対して, $d_G(v) \le p-1$ となる.

1.10 位数 p の連結グラフの各頂点の次数は $p \ge 2$ であるので, 1 以上, $p-1$ 以下である. 次数の可能性が $p-1$ 通りあり, 頂点が p 個あるので, 次数が同じ頂点が存在する.

1.11 $\mathrm{id}_D(a)=3$, $\mathrm{od}_D(a)=2$, $\mathrm{id}_D(b)=1$, $\mathrm{od}_D(b)=2$.

1.12

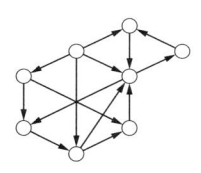

1.13 (1) P_5 は次数として 2, 2, 2, 1, 1 をもつグラフである.
(2) $3+2+2+2+1+1=11$ と総和が奇数になるので定理 1.1 に反し, このような次数をもつグラフは存在しない.

1.14

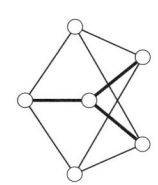

1.15 定理 1.1 より, グラフの次数の平均値 $= \dfrac{\sum_{v \in V(G)} d_G(v)}{|V(G)|} = \dfrac{2|E(G)|}{|V(G)|}$.

1.16 $A(G) = \begin{array}{c} \\ v_1 \\ v_2 \\ v_3 \\ v_4 \\ v_5 \end{array} \begin{array}{c} \begin{array}{ccccc} v_1 & v_2 & v_3 & v_4 & v_5 \end{array} \\ \left[\begin{array}{ccccc} 0 & 1 & 0 & 0 & 1 \\ 1 & 0 & 1 & 0 & 1 \\ 0 & 1 & 0 & 1 & 0 \\ 0 & 0 & 1 & 0 & 1 \\ 1 & 1 & 0 & 1 & 0 \end{array} \right] \end{array}$

1.17 $A(G) = \begin{pmatrix} & v_1 & v_2 & v_3 & v_4 & v_5 \\ v_1 & 0 & 2 & 3 & 0 & 1 \\ v_2 & 2 & 0 & 0 & 0 & 0 \\ v_3 & 3 & 0 & 0 & 1 & 0 \\ v_4 & 0 & 0 & 1 & 0 & 0 \\ v_5 & 1 & 0 & 0 & 0 & 1 \end{pmatrix}$

1.18 (1) $aidhde$ は同じ辺 dh を 2 回含んでいるので，歩道であるが小道ではない．

(2) $acidce$ は同じ頂点 c を 2 回含んでいるので，小道であるが道ではない．

(3) $acde$ (4) $abcdia$

(5) $abcdehdia$ は同じ頂点 d を 2 回含んでいるので回路であるが，閉路ではない．

1.19 (1) $a \to d \to f \to c \to d \to e$ は同じ頂点 d を 2 回含んでいるので，有向小道であるが有向道ではない．

(2) $a \to b \to c \to d \to e$

(3) $a \to b \to c \to d \to f \to a$

(4) $a \to b \to c \to d \to f \to h \to g \to f \to a$ は同じ頂点 f を 2 回含むので，有向回路であるが有向閉路ではない．

1.20 $k(G) = 2$, $k(H) = 3$, $k(I) = 1$.

1.21

1.22

1.23 辺 $e = uv$ がグラフ G の橋であるとき，e を含む閉路 C が存在したとする．$e = uv$ が橋であるので，$G - e$ で u, v は異なる成分に含まれる．したがって，u, v を結ぶ道が $G - e$ には存在しない．ところで，$C - e$ は $G - e$ の u, v を結ぶ道であり，矛盾する．辺 $e = uv$ が橋でないとすると $G - e$ に u, v を結ぶ道 P が存在する．P と $e = uv$ を合わせると辺 $e = uv$ を含む閉路となる．

1.24 G を V_1, V_2 を部集合とする 2 部グラフ，$C: v_1v_2\ldots v_nv_1$ を G の閉路，$v_1 \in V_1$ とする．v_1v_2 が辺であるので，$v_2 \in V_2$ となる．また，v_2v_3 が辺であるので，$v_3 \in V_1$ となる．以下，$v_1, v_3, v_5, \ldots, v_{2m+1}, \ldots \in V_1$, $v_2, v_4, v_6, \ldots, v_{2m}, \ldots \in V_2$ となり，奇数番目の頂点が V_1 に属し，偶数番目の頂点が V_2 に属すことがわかる．ここで，v_nv_1 が辺であるので $v_n \in V_2$ となり，n が偶数であることがわかる．したがって，C は偶閉路であり，2 部グラフに奇閉路が存在しないことがいえる．

126　解 答

第 2 章
2.1

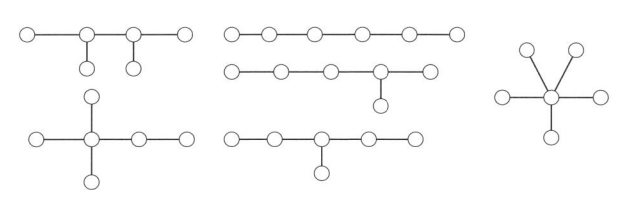

2.2

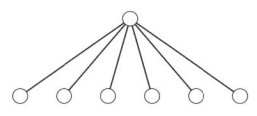

2.3 T を成分数 k で位数 p の林, T_i $(i=1,2,\ldots k)$ を T の成分とする. このとき, 各 T_i は木であるので, $|E(T_i)| = |V(T_i)| - 1$ となる. したがって,

$$|E(T)| = \sum_{i=1}^{k} |E(T_i)| = \sum_{i=1}^{k} (|V(T_i)| - 1)$$
$$= \sum_{i=1}^{k} |V(T_i)| - \sum_{i=1}^{k} 1 = |V(T)| - k = p - k$$

となる.

2.4 握手の補題より $\sum_{v \in V(T)} d_T(v) = 2|E(T)|$ であるから,

$$\text{木 } T \text{ の頂点の次数の平均値} = \frac{\sum_{v \in V(T)} d_T(v)}{|V(T)|} = \frac{2|E(T)|}{|V(T)|} = \frac{2(|V(T)| - 1)}{|V(T)|}.$$

2.5 グラフ G の頂点 v をとり v_1 とし, v_1 に隣接する頂点を v_2 とする. v_2 の次数が 2 以上であるので, v_1 以外の隣接点が存在する. v_2 の v_1 以外の隣接点を v_3 とする. v_3 の次数も 2 以上であるので, v_2 以外の隣接点が存在する. v_3 の v_2 以外の隣接点を v_4 とする. この操作は各頂点の次数 2 以上であるので, 常に可能であり, 頂点の列 $v_1 v_2 v_3 \ldots$ が得られる. 頂点数が有限であるので, 同一の頂点を繰り返し選ぶことになる. v_k が初めて繰り返して選ばれた頂点とすると, $v_1 v_2 v_3 \ldots$ の中の 1 回目の v_k から 2 回目に選ばれた v_k までの間は, G の閉路となる.

2.6

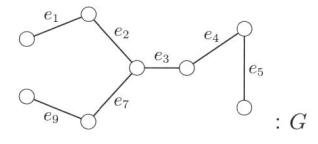

2.7 $w(G) = 1 + 3 + 2 + 1 + 4 + 4 + 2 + 3 = 20$
$w(H) = 1 + 3 + 1 = 5$

2.8 $P_1: abcd$, $P_2: abed$, $P_3: ad$, $P_4: afed$, $P_5: afebcd$ が 5 本の a–d 道であり,
$$w(P_1) = 1 + 2 + 3 = 6, \quad w(P_2) = 1 + 2 + 1 = 4, \quad w(P_3) = 6$$
$$w(P_4) = 5 + 8 + 1 = 14, \quad w(P_5) = 5 + 8 + 2 + 2 + 3 = 20$$
である.

2.9 グラフ G の橋 e を含まない G の全域木 T が存在したとする.このとき T は $G - e$ の全域木である.したがって,$G - e$ は連結グラフである.これは,e が橋であることに反する.

2.10

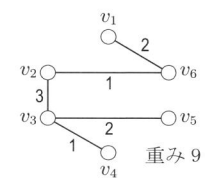

重み 9

2.11

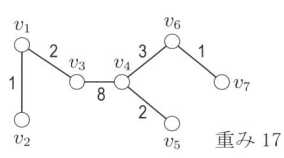

重み 17

2.12

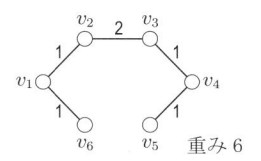

重み 6

2.13 (1) c, f, g, h, i が葉,内点は r, a, b, d, e.
(2) d, e が b の子,c が b のきょうだい,a が b の親,a, r が b の先祖,d, e, f, g, h, i が b の子孫.
(3) d の深さは 3,f, g, h, i が深さ 4 の頂点である.
(4) 高さは 4.

2.14

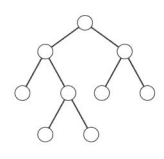

2.15

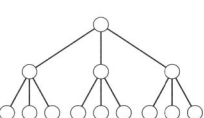

2.16

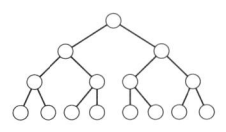

2.17 m^d 個.

2.18

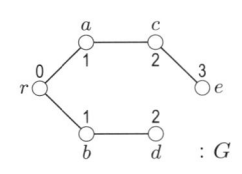

2.19

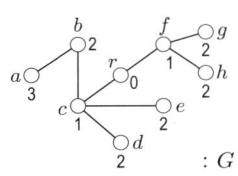

2.20 D_1 のみが強連結.

2.21 (1)

(2)

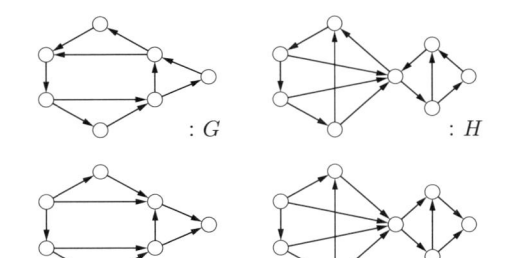

2.22 辺 $e = uv$ をグラフ G の橋とする. G において, u と v を結ぶ道は, 橋 $e = uv$ のみである. したがって, 辺 e を $u \to v$ と向き付けると v–u 有向道が存在しないことになる. また, 辺 e を $v \to u$ と向き付けると u–v 有向道が存在しないことになる. したがって, グラフ G は強連結に向き付けることができない.

2.23 (1)

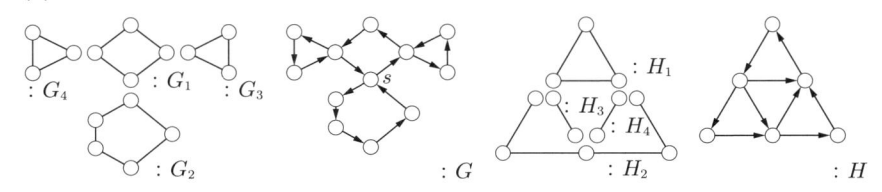

(2)

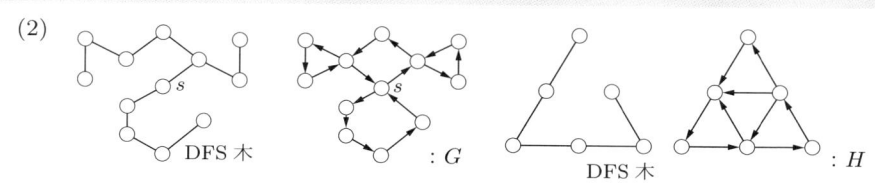

DFS木　　　　　　　　　　: G　　　　　　　DFS木　　　　　　: H

2.24

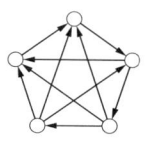

2.25 図のとおり，すべての頂点を含む有向閉路 $abcdefa$ が存在する．位数 3 以上の強連結なトーナメントには，すべての頂点を含む有向閉路が存在することが知られている．

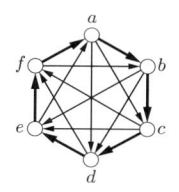

2.26 図のとおり，入次数：0, 1, 2, 3, 4, 5，出次数：0, 1, 2, 3, 4, 5 である．非閉路的に向き付けられた位数 p のトーナメントの入次数が $0, 1, \ldots, p-1$ であり，出次数が $0, 1, \ldots, p-1$ であることが知られている．

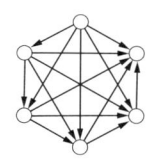

2.27 $\mathrm{id}_G(u) = \mathrm{id}_G(v)$ とする．辺 $e = uv$ が $u \to v$ と向き付けられているとして一般性は失われない．$W(u) = \{w \,;\, w \to u\}$ とおく．このとき $\mathrm{id}_G(u) = |W(u)|$ である．G が非閉路的トーナメントであるので，$W(u)$ の任意の頂点 w から $w \to v$ となる．したがって，$\mathrm{id}_G(v) \geq |W(u) \cup \{u\}| = |W(u)| + 1 > |W(u)| = \mathrm{id}_G(u)$ となる．これは，u, v を入次数が同じ頂点（$\mathrm{id}_G(u) = \mathrm{id}_G(v)$）であると仮定したことに反する．

2.28 重み最小の s–t 道：$s \to a \to b \to t$ で重み 4．

2.29 重み最小の s–t 道：$s \to a \to b \to c \to d \to t$，重み 8．

2.30 $L(v_i, v_j)$ に関する表：
$$\begin{array}{c} \\ v_1 \\ v_2 \\ v_3 \end{array} \begin{bmatrix} v_1 & v_2 & v_3 \\ 0 & 1 & \infty \to 5 \\ 8 \to 6 & 0 & 4 \\ 2 & \infty \to 3 & 0 \end{bmatrix}$$

$DP(v_i, v_j)$ に関する表：
$$\begin{array}{c} \\ v_1 \\ v_2 \\ v_3 \end{array} \begin{bmatrix} v_1 & v_2 & v_3 \\ \emptyset & v_1 & \emptyset \to v_2 \\ v_2 \to v_3 & \emptyset & v_2 \\ v_3 & \emptyset \to v_1 & \emptyset \end{bmatrix}$$

2.31 $L(v_i, v_j)$ に関する表：
$$\begin{array}{c} \\ v_1 \\ v_2 \\ v_3 \\ v_4 \end{array} \begin{array}{cccc} v_1 & v_2 & v_3 & v_4 \\ \left[\begin{array}{cccc} 0 & \infty & 2 & \infty \to 5 \\ 1 & 0 & 8 \to 3 & \infty \to 6 \\ \infty & \infty & 0 & 3 \\ \infty & \infty & 1 & 0 \end{array}\right] \end{array}$$

$DP(v_i, v_j)$ に関する表：
$$\begin{array}{c} \\ v_1 \\ v_2 \\ v_3 \\ v_4 \end{array} \begin{array}{cccc} v_1 & v_2 & v_3 & v_4 \\ \left[\begin{array}{cccc} \emptyset & \emptyset & v_1 & \emptyset \to v_3 \\ v_2 & \emptyset & v_2 \to v_1 & \emptyset \to v_3 \\ \emptyset & \emptyset & \emptyset & v_3 \\ \emptyset & \emptyset & v_4 & \emptyset \end{array}\right] \end{array}$$

第3章

3.1 G はすべての頂点の次数が偶数であるのでオイラーグラフである．H は奇点が2個（次数3の頂点が2個）あるので，オイラーグラフではない．

3.2 位数5であるので，最大次数は4であり各頂点の次数は2か4である．したがって，次の二つのグラフがある．

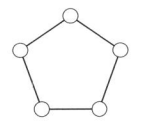

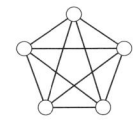

3.3 K_n の頂点の次数 $n-1$ が偶数であればよいので，n が奇数．

3.4 $K_{m,n}$ の頂点の次数が m あるいは n であるので，m, n が偶数．

3.5

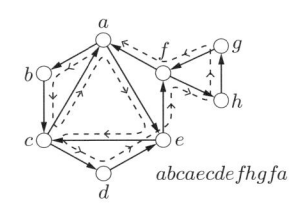

$abcaecdefhgfa$

3.6 W を D のオイラー有向回路とする．W で D の頂点を巡るとき，それまでの利用していない弧を利用して頂点に入り出ていく．したがって，W の各頂点 v において，$\mathrm{id}_D(v) = $「$W$ で v をおとずれる回数」, $\mathrm{od}_D(v) = $「$W$ で v を離れる回数」が成立する．したがって，$\mathrm{id}_D(v) = \mathrm{od}_D(v)$ が成立する．

3.7

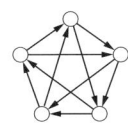

3.8 位数が偶数 $2n$ のトーナメント D では $\mathrm{id}_D(v) + \mathrm{od}_D(v) = 2n-1$ となるので，$\mathrm{id}_D(v) = \mathrm{od}_D(v)$ が成立しない．したがって，定理3.2よりオイラー有向グラフとはならない．

3.9 すべての頂点が偶点であるので，G のオイラー回路が，郵便配達員閉歩道であり，重みは 50 である．

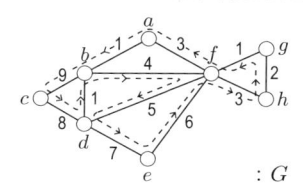

3.10 頂点 b と c が奇点であるので，頂点 c から始まって，頂点 b で終わるオイラー小道に重み最小の b–c 道 $baec$ を加えたものが郵便配達員閉歩道であり，重みは 32 である．

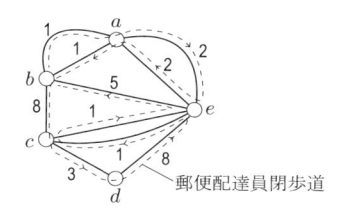

3.11 G はハミルトングラフである．H は切断点があるので，ハミルトングラフではない．$S = \{a, b, c\}$ とすると $k(G - S) = 4 > 3 = |S|$ となるので，定理 3.2 より I がハミルトングラフではないことがわかる．

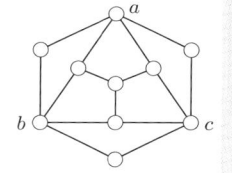

3.12 $n \neq 2$．

3.13 $m, n \geq 2$ で，$m = n$．

3.14 P を G のハミルトン道とする．P から頂点を 1 個除くと成分が高々 1 個増えるので，$V(G)$ の空ではない任意の真部分集合 S に対して，$k(P - S) \leq |S| + 1$ が成立する．$P - S$ は $G - S$ の全域部分グラフであるので，$k(G - S) \leq k(P - S)$ が成立する．したがって，$k(G - S) \leq |S| + 1$ が成立する．

3.15 たとえば，P_3．

3.16

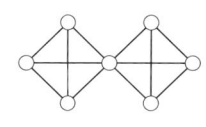

3.17 G が非連結で v_1, v_2 が G の異なる成分 C_1, C_2 におのおの含まれる頂点とする．このとき，v_1, v_2 は非隣接で，共通の隣接点はない．したがって

$$d_G(v_1) + d_G(v_2) \leqq (|V(C_1)| - 1) + (|V(C_2)| - 1)$$
$$= |V(C_1)| + |V(C_2)| - 2$$
$$\leqq |V(G)| - 2 < p - 1$$

となり仮定に反する．したがって，G は連結である．

3.18

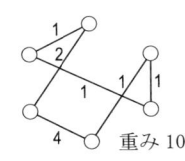

3.19

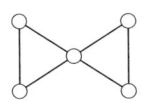

3.20 たとえば，K_4．

第 4 章

4.1 (1) $f(u \to v) = 5 \leq 5 = c(u \to v)$ より容量制限は成立している．

(2) $$\sum_{a \in o(v)} f(a) = f(v \to t) + f(v \to x) = 4 + 2 = 6$$

$$\sum_{a \in i(v)} f(a) = f(u \to v) + f(w \to v) = 5 + 1 = 6$$

より，保存条件が成立している．

(3) $$\sum_{a \in o(s)} f(a) - \sum_{a \in i(s)} f(a) = f(s \to u) + f(s \to w) - 0$$
$$= 7 + 1 - 0 = 8$$

$$\sum_{a \in i(t)} f(a) - \sum_{a \in o(t)} f(a) = f(v \to t) + f(x \to t) - 0$$
$$= 4 + 4 - 0 = 8$$

4.2 (1) フローの値：7

(2) $(S, S^c) = \{u \to x, v \to t, w \to x\}$

$\mathrm{cap}((S, S^c)) = c(u \to x) + c(v \to t) + c(w \to x)$
$\qquad = 2 + 7 + 8 = 17$

(3) 最大流の値：8

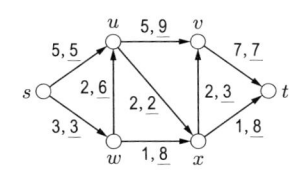

(4) 最小カット：$(S, S^c) = \{s \to u, s \to w\}$, $\mathrm{cap}((S, S^c)) = 8$

4.3 定理 4.2 より，
$$\mathrm{val}(f) = \sum_{a \in (S, S^c)} f(a) - \sum_{a \in (S^c, S)} f(a) = \sum_{a \in (S, S^c)} c(a) - \sum_{a \in (S^c, S)} 0$$
$$= \mathrm{cap}((S, S^c)) - 0 = \mathrm{cap}((S, S^c))$$

が成立する．したがって，系 4.1 より f は最大流であり，(S, S^c) は最小カットである．

4.4 各弧におけるフロー f を考えると
$$\sum_{v \in V(D)} \left(\sum_{a \in o(v)} f(a) \right) = \sum_{a \in o(s)} f(a) + \sum_{a \in o(t)} f(a) + \sum_{v \in V(D) - \{s, t\}} \left(\sum_{a \in o(v)} f(a) \right)$$
$$\sum_{v \in V(D)} \left(\sum_{a \in i(v)} f(a) \right) = \sum_{a \in i(s)} f(a) + \sum_{a \in i(t)} f(a) + \sum_{v \in V(D) - \{s, t\}} \left(\sum_{a \in i(v)} f(a) \right)$$

が成立している．2 式ともにすべての弧に関する和をとっているので，2 式の値は等しい．また，保存条件より 2 式の第 3 項が等しいことがわかる．したがって
$$\sum_{a \in o(s)} f(a) + \sum_{a \in o(t)} f(a) = \sum_{a \in i(s)} f(a) + \sum_{a \in i(t)} f(a)$$

が得られ，
$$\sum_{a \in o(s)} f(a) - \sum_{a \in i(s)} f(a) = \sum_{a \in i(t)} f(a) - \sum_{a \in o(t)} f(a)$$

が成立する．

4.5 $A(S)$ で S に含まれる 2 頂点を結ぶ弧の集合を表す．このとき
$$\sum_{v \in S} \left(\sum_{a \in o(v)} f(a) \right) = \sum_{a \in A(S)} f(a) + \sum_{a \in (S, S^c)} f(a)$$
$$\sum_{v \in S} \left(\sum_{a \in i(v)} f(a) \right) = \sum_{a \in A(S)} f(a) + \sum_{a \in (S^c, S)} f(a)$$

となり，
$$\sum_{a \in (S, S^c)} f(a) - \sum_{a \in (S^c, S)} f(a) = \sum_{v \in S} \left(\sum_{a \in o(v)} f(a) \right) - \sum_{v \in S} \left(\sum_{a \in i(v)} f(a) \right)$$
$$= \sum_{v \in S} \left(\sum_{a \in o(v)} f(a) - \sum_{a \in i(v)} f(a) \right)$$
$$= \left(\sum_{a \in o(s)} f(a) - \sum_{a \in i(s)} f(a) \right) + \sum_{v \in S - \{s\}} \left(\sum_{a \in o(v)} f(a) - \sum_{a \in i(v)} f(a) \right)$$

$$= \sum_{a \in o(s)} f(a) - \sum_{a \in i(s)} f(a) = \mathrm{val}(f)$$

となる．

4.6 (S, S^c) が最小カットではないとすると，

$$\mathrm{cap}((S_1, S_1^c)) < \mathrm{cap}((S, S^c))$$

なるカット (S_1, S_1^c) が存在する．$\mathrm{cap}((S, S^c)) = \mathrm{val}(f)$ であるので

$$\mathrm{cap}((S_1, S_1^c)) < \mathrm{val}(f)$$

となり，定理 4.3 に反する．したがって，(S, S^c) は最小カットである．

4.7 (1) 最小カットは $S = \{s, u, w\}$ とし，$(S, S^c) = \{u \to v, w \to x\}$ であり，

$$\mathrm{cap}((S, S^c)) = c(u \to v) + c(w \to x) = 6 + 3 = 9$$

(2) $\mathrm{val}(f) = 5 + 3 = 8$

4.8 (1)

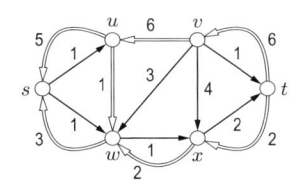

(2) $\tau_f(P) = \min_{a \in A(P)} \{c_f(a)\} = \min\{c_f(s \to w), c_f(w \to x), c_f(x \to t)\}$
$= \min\{1, 1, 2\} = 1$

4.9 最大流は図のとおりで，最大流の値は，$\mathrm{val}(f) = 10$ であり，最小カットとその値は，$(S, S^c) = \{u \to v, w \to x\}$，$\mathrm{cap}((S, S^c)) = 10$ である．

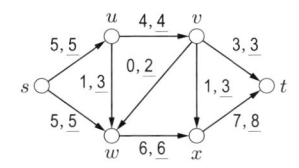

4.10 $t \in S$ とすると，s と t が f-増大道で結ばれていることになり，N が最大流であることに反する．

4.11 (1) $a = u \to v \in (S, S^c)$ において $f(a) < c(a)$ が成立するとする．s と u を結ぶ残余容量ネットワークの有向道に弧 a を加えて拡張した有向道は，s と v を結ぶ残余容量ネットワークの有向道となる．これは，$v \notin S$ に反する．

(2) (1) と同様に，$f(a) \neq 0$ なる $a = uv \in (S^c, S)$ が存在すれば，s と v を結ぶ残余容量ネットワークの有向道が存在し，仮定に反してしまう．

第 5 章

5.1 辺 ab と ac に共有点 a があるのでマッチングではない．

5.2 $K_{3,3}$ には完全マッチングが存在するが，C_5 は位数が奇数であるので完全マッチングは存在しない．

5.3

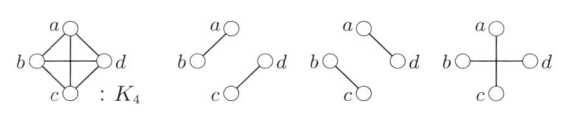

5.4 K_7 の位数が奇数であるので，完全マッチングは存在しない．

5.5

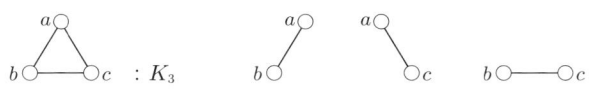

5.6 (1) 増大道 $fedcih$ が存在する．
(2) $cigjc$ が G の交互閉路である．
(3)

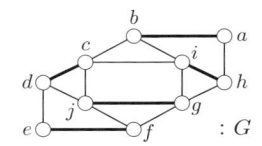

5.7 n が偶数のとき 2 個，n が奇数のとき 0 個．

5.8 K_3 は $\Delta(G) = 2$ であるが，一つのマッチングへ入れる辺が 1 本しかないので，3 個のマッチングへ分割できるが，2 個のマッチングへの分割はできない．

5.9 辺 af と bf に共有点 f があるのでマッチングではない．

5.10

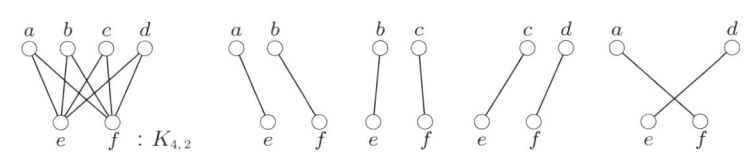

5.11 G には存在する（$\{u_1v_2, u_2v_3, u_3v_4\}$）．$H$ において $S = \{u_3, u_4, u_5\}$ に対して，$N(S) = \{v_3, v_4\}$ であるので，$|S| > |N(S)|$ となり，定理 5.4 より，V_1 頂点をすべて飽和するマッチングは存在しない．

5.12

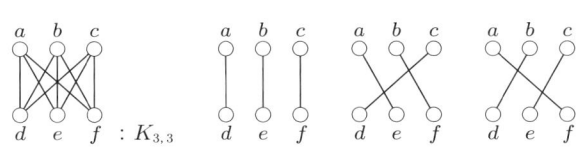

5.13 定理 5.5 より r-正則 2 部グラフ G には完全マッチング M_1 が存在する．G からマッチング M_1 の辺を除いたグラフ $G - M_1$ は $(r-1)$-正則 2 部グラフであり，完全マッチング M_2 が存在する．$G - M_1$ からマッチング M_2 の辺を除いたグラフ $G - M_1 - M_2$ は $(r-2)$-正則 2 部グラフであり，完全マッチング M_3 が存在する．以下この操作を

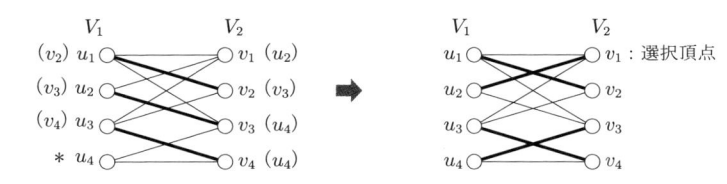

第 6 章

6.1 下図のように G と H は平面上に交差なく描けるので，平面的グラフである．I は $K_{3,3}$ と同相な部分グラフを含むので平面的グラフではない．

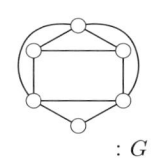

: G 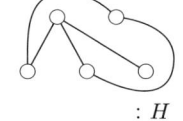　　　　　: H 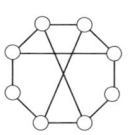　　　　$K_{3,3}$ と同相な I の部分グラフ

6.2 (1) 8.
(2) 3-辺形が 4 個，4-辺形が 2 個，5-辺形は存在しない．

6.3

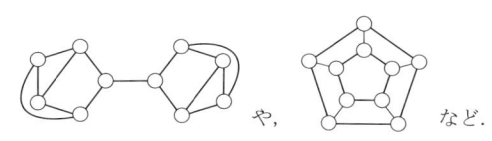

や，　　　など．

6.4 $n \geq 5$ のとき K_n は非平面的グラフ K_5 を部分グラフとして含むので，平面的グラフではない．したがって $n \leq 4$．

6.5 $m, n \geq 3$ のとき $K_{m,n}$ は非平面的グラフ $K_{3,3}$ を部分グラフとして含むので，平面的グラフではない．したがって，$n \leq 2$ あるいは，$m \leq 2$．

6.6

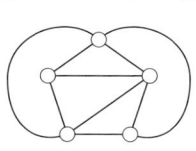

6.7

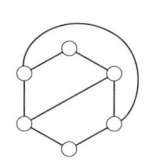

6.8 存在する．

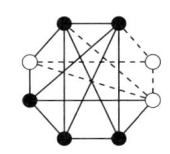

6.9

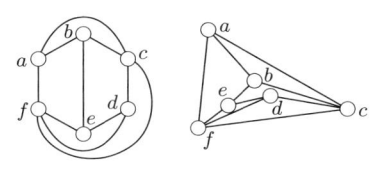

6.10 正 4 面体グラフ：3，正 6 面体グラフ：3，正 8 面体グラフ：4，正 12 面体グラフ：3，正 20 面体グラフ：5．

6.11 G, H は平面的グラフである．I は非平面的で，2 個の平面的グラフに分解できる．したがって，$t(G) = 1$, $t(H) = 1$, $t(I) = 2$.

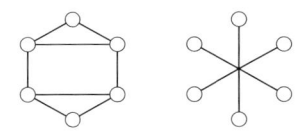

I の 2 個の平面的グラフへの分解

6.12 K_6 は K_5 を部分グラフとして含んでいるので，平面的ではなく，2 個の平面的グラフに分解できる．したがって，$t(K_6) = 2$.

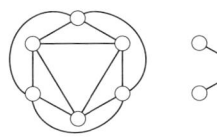

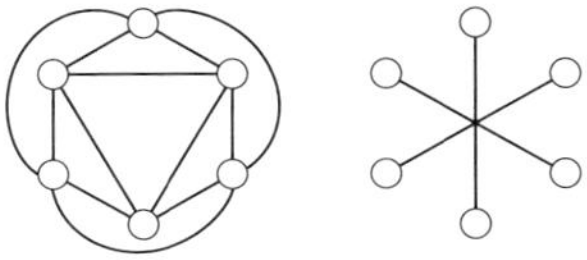

K_6 の 2 個の平面的グラフへの分解

6.13 $K_{2,3}$ は平面的グラフである．$K_{3,4}$ は $K_{3,3}$ を部分グラフとして含んでいるので，非平面的であり，2 個の平面的グラフに分解できる．したがって，$t(K_{2,3}) = 1$, $t(K_{3,4}) = 2$.

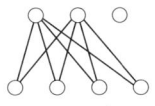

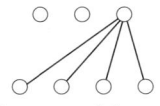

$K_{3,4}$ の 2 個の平面的グラフへの分解

6.14 定理 6.5 と $|E(K_p)| = \dfrac{p(p-1)}{2}$ より，$t(K_p) \geq \dfrac{q}{3p-6} = \dfrac{p(p-1)/2}{3(p-2)} = \dfrac{p(p-1)}{6(p-2)}$.

6.15 G が $t(G)$ 個の平面的グラフ $G_1, G_2, \ldots, G_{t(G)}$ から構成されるとする．このとき，各 G_i は三角形を含まないので系 6.5 より，

$$|E(G_i)| \leq 2|V(G_i)| - 4 \leq 2|V(G)| - 4 \quad (i = 1, 2, \ldots, t(G))$$

であるので,

$$q = |E(G)| = \sum_{i=1}^{t(G)} |E(G_i)|$$
$$\leq \sum_{i=1}^{t(G)} (2|V(G_i)| - 4) \leq \sum_{i=1}^{t(G)} (2|V(G)| - 4)$$
$$= t(G) \times (2|V(G)| - 4) = t(G)(2p - 4)$$

となり, $t(G) \geq \dfrac{q}{2p-4}$ が成立する.

6.16 $p = |V(K_{m,n})| = m + n$, $q = |E(K_{m,n})| = mn$ であり, $K_{m,n}$ が連結で3-辺形を含まないグラフであるので, 前問 6.15 より $t(K_{m,n}) \geq \dfrac{q}{2p-4} = \dfrac{mn}{2(m+n)-4}$.

参考文献

[1] 浅野孝夫：情報の構造 上，下，日本評論社 (1994)
[2] R.J. ウィルソン，西関隆夫・西関裕子訳：グラフ理論入門 原書第4版，近代科学社 (2001)
[3] 上野修一，高橋篤司：情報とアルゴリズム，森北出版 (2005)
[4] 恵羅博，土屋守正：グラフ理論 増補改訂版，産業図書 (2010)
[5] E. クライツィグ，田村義保訳：最適化とグラフ理論，培風館 (2003)
[6] T. コルメン，C. ライザーソン，R. リベスト，C. シュタイン著 浅野哲夫，岩野和生，梅尾博司，山下雅史，和田幸一訳：アルゴリズムイントロダクション 改訂2版 第1巻，第2巻，第3巻，近代科学社 (2007)
[7] 徳山豪：工学基礎 離散数学とその応用，数理工学社 (2003)
[8] J.L. Gross, J. Yellen, Graph Theory and its Applications Second Edition, Chapman & Hall/CRC (2006)
[9] 一松信：高次元の正多面体，日本評論社 (1983)
[10] 繁野麻衣子：ネットワーク最適化とアルゴリズム，朝倉書店 (2010)
[11] 加納幹雄：情報科学のためのグラフ理論，朝倉書店 (2001)
[12] 浅野孝夫：離散数学，サイエンス社 (2010)

索 引

英数字

0-フロー　78
1-因子　94
1対1の写像　8
2部グラフ　9
BFSアルゴリズム　39, 42
BFS木　44
DFSアルゴリズム　47
DFS木　48
f-零　84
f-飽和　84
i-辺形　110
M-交互道　96
M-増大道　96
m分木　41
n元集合　3
n部グラフ　9
r-正則グラフ　15

あ 行

握手の補題　13
厚さ　117
位数　3
入次数　12
上への写像　8
オイラー回路　62
オイラーグラフ　62
オイラー小道　62
オイラーの公式　111
オイラー有向回路　64
オイラー有向グラフ　64
重み　35
重み付きグラフ　35
親　39
オーレの定理　71

か 行

外領域　110
回路　19
カット　81
完全2部グラフ　9
完全n部グラフ　9
完全グラフ　9
完全正則m分木　57
完全マッチング　94
木　34
奇点　11
奇閉路　19
キュー　44
境界　110
兄弟　40
きょうだい　40
強連結　44
強連結な向き付け　45
極大平面的グラフ　112
距離　26
近傍　3
空集合　3
偶点　11
偶閉路　19
クラトフスキーの定理　114
グラフ　3
グラフ理論　1
クリーク　9
クルスカルのアルゴリズム　38
元　3
弧　5
子　39
交互道　96
交互閉路　96
弧集合　5
小道　18
孤立点　11

さ 行

最小カット　81
最小全域木　36
サイズ　3
最大フロー　79
最大マッチング　94
最大流　79
最大流問題　79
細分　114
三角形分割　112
残余容量ネットワーク　85
次数　11
子孫　40
始点　5, 18
写像　8
集合　3
終点　5, 18
巡回セールスマン問題　72
順序対　5
シンク　78, 85
水準　40
スタック　44
正則m分木　41
正則グラフ　15
正多面体　115
成分　22
積集合　9
接続する　3
切断集合　25
切断点　24
全域木　36
全域部分グラフ　6
先祖　40
選択頂点　103
増大道　96
ソース　78, 85

た 行

ダイクストラのアルゴリズム　50
ダイグラフ　5
対称弧　5
互いに素　9
高さ　40
多重グラフ　4
多重弧　5
多重集合　5
多重ダイグラフ　5
多重辺　4
多重有向グラフ　5
単純グラフ　4
単純有向グラフ　5
端点　18
頂点　3
頂点集合　3, 5
直径　26
ディラックの定理　71
出次数　12
点　3
同型　8
同相　114
閉じている（歩道が）　18
凸正多面体　115
凸正多面体グラフ　115
トーナメント　58

な 行

内素　25
内点　39
長さ（歩道の）　18
根　39
根付き木　39
ネットワーク　78

は 行

葉　39
橋　24
幅優先探索アルゴリズム　39
ハミルトングラフ　68
ハミルトン道　68
ハミルトン閉路　68
林　34
ビジングの定理　98
非平面的グラフ　109
非閉路的向き付け　45
フォード・ファルカーソンのアルゴリズム　87
深さ　40
深さ優先探索アルゴリズム　47
部集合　9
部分グラフ　6
部分集合　6
プラトングラフ　115
フラーリのアルゴリズム　65
フロー　78
フローの値　79
分離する　25
平面グラフ　109
平面的グラフ　109
平面表現　109
閉路　10, 19
辺　3
辺彩色　98
辺集合　3
飽和　94
補集合　80
保存条件　78
歩道　18

ま 行

マッチング　94

や 行

有限グラフ　3
有限集合　3
有向回路　20
有向木　39
有向グラフ　5
有向小道　20
有向道　20
有向閉路　20
誘導部分グラフ　6
郵便配達員問題　66
要素　3
容量　78, 81
容量制限　78

ら 行

領域　110
隣接行列　17
隣接する　3
ループ　4
連結　22
連結成分　22

わ 行

ワーシャル・フロイドのアルゴリズム　53
和集合　9

道・他

道　9, 18
道グラフ　9
向き付け　45
無限集合　3
無向グラフ　5
面　110
メンガーの定理　25
森　34

著者略歴

安藤　清（あんどう・きよし）
1973 年　電気通信大学大学院電気通信学研究科物理工学専攻修士課程修了
　　　　日本医科大学勤務を経て
　　　　電気通信大学大学院教授
　　　　理学博士

土屋　守正（つちや・もりまさ）
1986 年　東海大学大学院理学研究科数学専攻博士課程修了
　　　　東海大学理学部教授
　　　　博士（理学）

松井　泰子（まつい・やすこ）
1994 年　東京理科大学大学院工学研究科経営工学専攻修士課程修了
　　　　東海大学理学部教授
　　　　博士（工学）

編集担当　丸山隆一（森北出版）
編集責任　石田昇司（森北出版）
組　　版　ブレイン
印　　刷　ワコー
製　　本　協栄製本

例題で学ぶグラフ理論　　Ⓒ 安藤　清・土屋守正・松井泰子　2013

2013 年 11 月 21 日　第 1 版第 1 刷発行　【本書の無断転載を禁ず】
2023 年 10 月 18 日　第 1 版第 6 刷発行

著　　者　安藤　清・土屋守正・松井泰子
発 行 者　森北博巳
発 行 所　森北出版株式会社
　　　　　東京都千代田区富士見 1-4-11（〒102-0071）
　　　　　電話 03-3265-8341／FAX 03-3264-8709
　　　　　https://www.morikita.co.jp/
　　　　　日本書籍出版協会・自然科学書協会　会員
　　　　　JCOPY　＜（一社）出版者著作権管理機構　委託出版物＞

落丁・乱丁本はお取替えいたします.
Printed in Japan／ISBN978-4-627-05281-9